中国式家风

徐清祥 ◎ 著

南海出版公司

2024·海口

图书在版编目（CIP）数据

中国式家风 / 徐清祥著. --海口：南海出版公司，2024.6. --ISBN 978-7-5735-0772-3

Ⅰ.B823.1

中国国家版本馆CIP数据核字20243NM969号

ZHONGGUOSHI JIAFENG

中国式家风

作　　者	徐清祥
责任编辑	林子琦
装帧设计	尚书坊
出版发行	南海出版公司　电话：（0898）66568511
社　　址	海南省海口市海秀中路51号星华大厦5楼　邮编：570206
电子邮箱	nhpublishing@163.com
经　　销	新华书店
印　　刷	河北赛文印刷有限公司
开　　本	145毫米×210毫米　1/32
印　　张	9.75
字　　数	220千
版　　次	2024年6月第1版　2024年6月第1次印刷
书　　号	ISBN 978-7-5735-0772-3
定　　价	48.00元

南海版图书　版权所有　盗版必究

序

弘扬传统文化　助推家风建设

　　清祥学兄是我在绍兴稽山中学读高中时的同学。他是我们班的语文课代表，作文写得漂亮；数学、物理、历史等课常有不合常规的思路。例如高三那年，数学课改由裘敬熙校长任教，讲到排列组合时，一次讲毕公式，裘先生（当年对教师通称先生）板书例题，点名让同学解题。由于难度较大，很多同学都解不了，一共插了十多支"蜡烛"。当点名到清祥并解了题后，十多个同学才齐刷刷坐下，之后裘先生也讲了解题方法，但与他解题的路径不同，可见其思路之奇。课余时间，清祥兄喜欢打乒乓球，而且水平很高，在全校是数一数二的。我呢，也喜欢玩两下，共同的爱好成了我俩友谊的纽带。高中毕业后，各有所好，各奔东西。他学的是文科，大学毕业后，落户杭州，从事文字、教学等工作。几十年来，虽少有谋面，但亦时有联系。我知道他常在报刊上发表文章，撰写出版了十多种有关吴越史地、社会文化方面的专著，是一位颇有名声的文化史作家。前些日子，清祥兄发来微信，嘱我为他的新作《中国式家风》写个序言，这可把我难住了！我长期从事数理学科的教学与科研，对于历史、文化等社会科学知之甚少，怎能为他的论著写序呢，弄不好会贻笑大方。然而，面对老同学的一片诚意，我只得勉为其难了。

"家风"是一个家庭或家族，由祖辈和父母提倡并身体力行、言传身教，在世代相传、长期培育中形成的一种文化和道德氛围。据史载，"家风"一词，最早见于西晋文学家潘岳的作品中。随着社会经济的发展，物质文明和精神文明的提高，家风文化不断成熟与丰富。隋唐和宋代，蓬勃发展；明清时期，达到鼎盛。清末以后，由于社会形态的变迁，家庭结构的重塑，传统家教链条的断裂以及人生价值取向的多元化，家风文化逐渐衰落。新中国成立后，家风文化有所复苏。然而，十年"文革"，破四旧、立四新，使传统家风文化的保护和传承受到严重冲击。

新时代以来，习近平总书记十分重视家风建设。他在二〇一五年春节团拜会上的讲话中指出："家庭是社会的基本细胞，是人生的第一所学校。不论时代发生多大变化，不论生活格局发生多大变化，我们都要重视家庭建设，注重家庭、注重家教、注重家风……"(《人民日报》2015年2月18日) 此后，全国各地广泛开展"弘扬家庭美德、树立优良家风"的宣传教育活动和"立家规、传家训、树家风"的主题实践活动，掀起建设和弘扬新时代良好家风的热潮。

为适应新时代家风建设之需要，清祥兄怀着强烈的社会责任感，以耄耋之年，不辞辛劳，搜集大量文献资料和丰富的生活实例，精心钻研探索，历时多年，完成了《中国式家风》这部极具价值的应时之作。它既是"中国婚姻文化三部曲"的续篇，更是独立全面论述"家风"的学术专著。

全书共八章三十六节，分为四个组成部分：

首先，第一章作为总论，对家风的定义及起源作了全面深入的探讨，阐述了自己独到的见解。关于家风的定义，就源头、性质、内容、区别、作用、特征、类型、标准等诸多个方面作了精辟的论述，读来使人耳目一新。进而，对家风的起源进行了追溯和比较分析。既认定"周礼起源说"较妥，又大胆创新，提出了"家风里程碑说"，言之有理，论之有据。为新时代家风建设目标和方向的确定作了坚实的理论铺垫。

其次，第二章和第三章，先用鲜活生动的文字，阐述了汉、唐、宋、明、清时期具有代表性的先贤名人之优良家风，将蕴涵其内的诚信、谦让、勤劳、节俭、孝悌、仁爱、勉学、善德、敬业、清廉、忠义、爱国等精神特质，充分而透辟地展现出来。又用朴实无华的语言，颂扬了我国乡村老祖宗传承下来的好家风、正家风、雅家风，抨击了那些坏家风、邪家风、俗家风，使读者深受启迪和教益。可以说，为新时代家风建设输送了丰富的资源和充分的养料。

第三，从第四章到第七章，深层次地挖掘了家风与家教、家风与教养、家风与职业以及家风与信仰之间的相互关系、相互影响和相互作用。在微观层面上，家教和教养是家风形成的基础，家风是家教和教养效应的外在呈现。在宏观层面上，家风是职业选择和敬业爱岗的精神支柱，而职业道德和职业风范又直接影响家风的传承。至于说到信仰，家风也是一种信仰。一般来说宗教信仰文化与传统家风文化具有很强的包容性，它们互相渗透、互相补充、互相促进。这既有深度又有力度的论述，对于探求新时代家风建设的举措和途径具有很大的实用价值。

最后，第八章乃是锦上添花。对"家风"有关的事、物、景、习俗、习性、习惯等进行多角度、多方位、多层次的评说，或提倡、或发扬、或规劝。如春风化雨，滋润新时代家风建设之花盛开！

我相信，这部专著的出版，一定会得到广大读者的赞许，一定能在弘扬中华优秀传统文化、助推新时代家风建设中发挥很好的作用。

赵德滋
2022 年 11 月 18 日于南京寓所

  赵德滋，1962 年毕业于南京大学数学天文学系，后留校任教。1980 年，转经济学系，从事数量经济学和人口经济学的教学与科研，晋升为副教授、教授。曾任南京大学人口研究所所长，南京人口管理干部学院副院长，江苏省数量经济和管理科学学会理事长，江苏省系统工程学会副理事长。业余爱好文史，亦动笔写些随笔。享受国务院政府特殊津贴。

自序

家风是家庭的精神内核

2013年至2017年近五年间,我在写作、出版"中国婚姻文化三部曲"(《中国式相亲》《中国式婚姻》《中国式家庭》)的过程中,对于要不要写一节"家风"的问题,曾有过犹豫和思考。为什么呢?因为我觉得家风问题是家庭文化的一部分,很重要,不能不写,但又觉得如果不展开来写又很可惜。是在《中国式家庭》中展开来写一节"家风",还是单独写一部《中国式家风》专著呢?

那段时间,报刊上常常有反腐案例的报道,这些案例中的反腐对象往往是领导干部,分析其产生的原因,除了他们自身的修养不够外,总能联系到其家风问题。如果他们有好的家风传承,为官一任,两袖清风,就不至于滑入犯罪的泥潭。这就使我产生了家风必须要大写特写的念头,也就是下了单独写一部家风专著的决心。

2016年12月12日,第一届全国文明家庭表彰大会在北京召开,习近平总书记发表了重要讲话,明确指出:"家庭是社会的基本细胞,是人生的第一所学校。不论时代发生多大变化,不论生活格局发生多大变化,我们都要重视家庭建设,注重家庭、注重家教、注重家风……"习总书记的讲话指明了建设好家风的重要性、迫切性和方向性,瞬间点亮了我心中的灯,更加坚定了我写

《中国式家风》的信心和决心。

家风就像人的灵魂一样，不可触摸，但客观存在，而且对一个家庭而言，它关系到家庭成员的事业成败；对一个家族而言，它关系到整个族系的兴衰。一般来说，一个从具有良好家风的家庭走出来的人，大多文明礼貌，从善如流，勤奋工作，爱国、爱党、爱民，受人尊重；而从家风不好的家庭走出来的人，往往因性格缺陷，导致缺乏教养乃至凶悍霸道，遭人诟病。

家风亦是一个家庭的格局，有大亦有小，有正亦有邪；有俗亦有雅，有立亦有破；有传承亦有断层。从某种程度上讲，家风是随着家庭成员的文化积淀而形成和变迁的，写家风表面上是写家庭，实际上是写人对家庭的态度。如何把握其中的尺度，是对我写作能力和知识储备的考验。

具体写起来，还真有点难度。一则"家风"是一块未开垦的处女地，可供参考的资料很少，必须白手起家，从浩繁的文献资料中寻找线索；二则如何定义家风，也有一个仁者见仁、智者见智的问题，很难把握；三则写家风是为了树立好家风，那么对于不好的家风该不该写？所有这些都让我深思。

我们所说的大格局家风，应该是好家风、正家风、雅家风，正能量家风除了以儒家文化为基础的齐家治国、忠义仁孝外，也应包括平凡但遵纪守法、敦厚善良式的家风，是需要弘扬的家风；我们所说的小格局家风，就是庸俗家风、见利忘义的家风乃至黑恶家风，是需要摒弃的家风，这是笔者写《中国式家风》的目的。

家风是家庭的精神内核。有好家风的家人，必然会做出舍己为人、勇于担当、有益于社会的好事。即便是平凡人家，有了好家风，也能做出对社会有益的事。在疫情期间、在抗洪前线、在地震灾区，千千万万个志愿者不顾个人安危，扶危济困，舍生忘死，他们体现的就是平凡中的伟大，其背后往往有良好家风的支持。

　　本书共八章三十六节，从探索家风的起源开始，写到家风的定义和范围、写到乡村和城市家风的类型，写到家教修养与家风的关系，写到家风和信仰等，但重点是写如何形成大格局的好家风。

　　笔者才疏学浅，在写作过程中难免有不当之处，欢迎读者诸君指出谬误，相互探讨，使我们对中国式家风有进一步的认识，这是笔者撰写此书的宗旨。

作者
2022 年 8 月 18 日于东园书屋

目 录

第一章 中国式家风溯源 ... 1
- 第1节：从林长民婉拒徐志摩求婚谈家风 ... 3
- 第2节：中国式家风溯源 ... 9
- 第3节：中外家风比较 ... 17
- 第4节：家风的流变 ... 25

第二章 历朝家风概说 ... 33
- 第1节：两汉时期的家风 ... 35
- 第2节：唐代家风简说 ... 46
- 第3节：宋朝家风举要 ... 56
- 第4节：明朝家风漫谈 ... 63
- 第5节：清代君子型家风 ... 71

第三章 中国乡村家风类 ... 81
- 第1节：敦厚型家风 ... 83
- 第2节：耕读传家型家风 ... 91
- 第3节：上行型家风 ... 100

第四章 家风与家教 ... 107
- 第1节：家教是家风的前奏 ... 109
- 第2节：家业与家风 ... 120
- 第3节：为家庭立规矩 ... 127
- 第4节：几种家教模式 ... 135

第5节：家风与家族凝聚............142

第五章　家风与教养............149
第1节：礼貌·礼谊·礼节............151
第2节：家风与认真读书............157
第3节：家风与社会环境............165
第4节：为孩子取名谈家风............173
第5节：家风与宠物偏爱............180

第六章　职业影响下的家风............189
第1节：公务员家庭的风气............191
第2节：职工家庭家风............196
第3节：文化型人家家风............204
第4节：帝王之家的家风............212
第5节：富不过三代家风............221

第七章　家风与信仰............227
第1节：革命家人家家风............229
第2节：佛教型家庭的家风............238
第3节：从景教到"三自爱国"谈家风............245
第4节：从民间信仰谈家风............251

第八章　中国式家风杂说............257
第1节：家祭、家祠及牌坊............259
第2节：传家宝与家风............265
第3节：别让培训式广告影响家风............272
第4节：老人·亲戚·孩子............279
第5节：劝君节制烟与酒............286

跋............296

第一章 中国式家风溯源

第一章　中国古代风景诗

【引言】

家风,在当今社会中,是一个不太被人注意的问题。不过,随着改革开放的深入和反腐倡廉的渐进,首先从领导干部方面开始讲究家风建设。直到习近平同志在会见第一届全国文明家庭代表时的讲话的第三点专门讲述家风,这个话题才进一步引起人们的重视。

家风是什么?应该说它是家庭的一面旗帜,是家庭的一个风向标,是一个家庭的发展走向,亦是家的内部软环境。家风与家庭成员的关系是:家风有形或无形地影响着家人;家人以言行反映出道德、品行、语言、责任心等文明程度以显示家风的优良、普通乃至坏家风。

人类进入文明社会后,家风时时、处处有所反映。历史上除了文化人家庭注重家风建设外,绝大多数目不识丁的农夫或诚实的城市底层人家也注重家风建设。为什么呢?还是上面说过的那句话,家风建设是一个家庭的风向标、旗帜。有了好的家风,家长带头示范做好事,家庭成员积极跟进,与乡邻和睦共处。故而旧时有"积善之家有余庆"之谚。这就是大多数人家打出来的一面旗帜——家风。

本小节主要谈家风的概念与定义。

第1节

从林长民婉拒徐志摩求婚谈家风

朋友,您对家风这个词语陌生吗?感兴趣吗?家风与你我他的家庭和个人的成长有关吗?在这本书中,我想和朋友们谈谈家风这个话题。我的原旨是：响应国家主席习近平的号召，不仅领导干部的家庭要重视家教和家风，每一个中国家庭和个人，同样需要注重家风建设。家风好，国风才能更好；国风好，家风才能跟着好。家是国的缩小，国是由亿万个家庭组成的嘛！

（一）从林长民为女儿拒婚谈家风

林长民（1876—1925）是谁？是清末民初的一位大学者、爱国主义者。不过，就知名度而言，还不如他的女儿林徽因来得高。

林徽因是民国时期的才女。在良好家庭气氛熏陶下，写得一手好诗。曾与父亲林长民一起参加新月社。她与父亲还都爱好新剧。15岁那年曾经随父亲游历欧洲的不少国家，对于法国、意大利等国家的建筑感到很新颖。这些游历既增长了她的见识，也使她对建筑学产生了兴趣，还对她今后在爱情与婚姻方面，产生了良好的影响。

林徽因才貌双全，又是大家闺秀，追求者众多。1920年，林长民公派出国考察，带上林徽因同行，在伦敦见到了徐志摩。林徽因和徐志摩谈得很投机，双方都产生了感情。那时候徐志摩已有妻室，但林徽因并不知道徐志摩的情况，

徐志摩回国后，迅速与发妻张幼仪离了婚，并公开登报声明。之后，准备向林徽因求婚。林长民对徐志摩的做法颇有微词，认为因为"找到真爱情"而和妻子离婚，这样的举措并不妥当。但林徽因年纪轻，对婚姻与爱情的关系认识并不成熟，如果感情用事，答应这桩婚事，有损家庭声誉。为了保护女儿，亦为了端正家风，他一方面向林徽因说明徐志摩的情况，另一方面采取坚定拒绝徐志摩的办法，还约胡适一起向徐志摩解释了林家的态度。面对这种局面，徐志摩只好暂时退出追求者的角色。

之后，为了打破徐志摩的幻想，在林长民的安排下，林徽因和同样搞建筑的梁思成订婚，彻底断绝了徐志摩的求婚念头。应该说，林长民这样做，既是为了家庭和女儿的名声和幸福，更是为了好家风。

（二）长升国旗，树立家规

笔者曾在《家庭文摘报》中看到一篇文章，大意如下：

在辽宁省丹东市振安区珍珠街道临江社区于连荣家的庭院中立着一根旗杆。每当国庆节、七一建党纪念日和"五一"国际劳动节，这里就会冉冉升起一面国旗。举行升旗仪式的是于连荣一家人，他们66年如一日地举行升旗仪式，得到了人们的赞扬。其中还有个故事。

1951年，当时正值抗美援朝时期，丹东市是援朝的前沿，于连荣的家附近有一片树林，有利于隐蔽。于家就入驻了许多志愿军战士，连长住在他家里。作为连队，在驻地要举行升国旗仪式。于连荣是街道干部、共产党员，连长就招呼他一起升国旗。

于连荣的儿子叫于福洪。他说："到了1953年，部队要开拔，连指导员就将这面国旗送给了我爸。"这是一份军民鱼水情的友谊，也是一种光荣。于连荣接过国旗后，将它珍藏在盒子里，并且立下一条家规：接替连队的升国旗仪式，在重大节日要升国旗！从此，每当国庆节、七一建党纪念日和"五一"国际劳动节，他们全家就按当年的习惯，66年如一日地举行升旗仪式。每当国旗升起时，他们全家为此而感到自豪，从而在工作岗位上更加努力。

这是于连荣为全家立的一条家规，自此以后，也是这个家的家风，现已传至三代。这是志愿军战士与人民共同凝聚起来的友谊和家风，因为当年立旗杆、升国旗，都在于连荣家的庭院中进行，是凝聚了军民鱼水情后的结晶。每当国旗冉冉升起，于连荣一家爱国、爱党的激情自然而然地产生。于连荣因此立下好家规、树立好家风，令人钦佩。

（三）什么是家风

以上笔者说了两个好家风的故事。那么什么是家风呢？家风由哪些元素组合而成？

1. 总说。家风是家庭的一种格局、一个传统。就格局而言，有良好、普通、不良三个等级之分。就传统来说，应该有两代以上的传承。扭转家风的导向，应称为树立新家风。

家风亦可以作如下解释：家风是一种信仰，是一面无形的旗帜，是家庭的风向标，是一个家庭的发展走向，亦是家的内部软环境、一种气场。家风与家庭成员的关系是：家风有形或无形地影响着家人；家人以行动反映出道德、品行、仁义、信誉、语言、勇毅、礼貌等文明程度，以显示家风的格局。

2. 源头。家风起源于人类文明的进步，与婚姻形态的进步密切相关。人类社会产生后，大致经历群婚阶段、对偶婚阶段和单偶婚阶段三大阶段。在群婚阶段，一般不可能有家风这个概念。对偶婚阶段因血缘关系的不确定性，亦不存在家风这个命题。只有当婚姻进入单偶婚阶段，由于家庭概念已经明晰，家庭的小共同体性质已确立且有上进性的要求，才有建设并延续好家风的愿望。

3. 性质。家风的性质是：一个家庭的价值取向，包含意识形态、人生目标、未来思考、生存法则等诸多属性。如一个革命者的家庭，将为人民大众谋福祉视为人生奋斗目标，必然要具备自我牺牲的精神。其家风是一切为了革命，即使献出生命亦在所不惜。

4. 内容。包括每个家庭成员的内心修养和外在礼节，以及所派生的刚毅、廉洁、侠义、忍让、利他等不同风格。内心修养由先天禀赋、家庭熏陶和社会教养三方面元素形成；外在文明行为包括礼貌、礼谊和礼节三方面内容。内在修养和外表礼节会相互影响和转化。

5. 区别。家风有良好、普通、不正常及坏家风等区别。以良好家风和普通家风占大多数。良好家风可能全面良好或某一方面突出的好；普通家风具有世俗大众的特色；不正常家风具"乱头风"等不稳定性特征；坏家风会危害社会。

6. 作用。对社会而言，家风与乡风、家风与社风具有相互影响的作用。乡风和社风可能影响家风，家风也可能影响乡风、社风，乃至国风。好家风的辐射作用首先是：亲戚和邻里，其次是向社会辐射。横跨宋、元、明三朝的江南第一家的家风，辐射作用很大，除了家庭、家族的内部坚守外，和元、明两朝的朝廷提倡亦有关。匾额"江南第一家"即为明朝开国皇帝朱元璋所题。

7. 特征。一般情况下，家风具有小共同体利益性的特征，是放大了的"私"。在多数家庭中，物质的利益高于精神的利益，在少数家庭中也有精神利益高于物质利益的。家丑不可外扬，就是维护小共同体利益的彰显。

8. 家风有初创、代递和嬗变三个基本阶段。初创阶段大多以家教、家训、家诫、家规等外在形式开始，让全家知道应遵循的原则、规矩及底线，并遵守之；是家庭内部的文明底线。代递形式即向下一代传承，以好家风为多见。如兰溪诸葛八卦村家家有诵读先祖诸葛亮的《诫子书》和《再告诫子书》的传统。

9. 现代家风的形成，有先天禀赋、后天教育和社会影响三种因素，但三种因素都不可能离开"人性之私"的属性。

10. 通常情况下家风由家训、家诫、家范、家规、家法等以文书或立石的形式保存在家庭内部。清朝昆山人（今昆山市）朱柏庐先生的《治家格言》是以书面形式保存好家风的体现，历经数代，被人们广为传习，迄今"一粥一饭，当思来之不易"等警策之言，仍然被有心人传抄。

11. 类型。从大类分，中国式家风可分：乡村类家风、城市类家风及介于城乡或非城乡区域的未定型家风三种。包括追求家庭上行的艰苦创业、普惠大众的革命或慈善家风、遗泽社会和后世的创新贡献家风及带有丛林法则的黑恶势力型和懒散型、分裂型家风等多种。

12. 标准。家风应该不具阶级属性，而是具有真善美的普世价值观。古代中国人相对认同的"忠孝仁爱信义和平"价值观，其"忠"带有阶级属性和帝王思想，在历史的长河中的某一时间段这属于好家风，但从社会发展观来说，只有真善美才是好家风。坏家风的标志是强者为王的绿林法则，是人性之私过度膨胀的衍生物。

13. 形成和改变。中国式好家风的形成，是一个长期积累的过程。一般以家长的言语、行为、心灵活动为表率，带领并影响全体家庭成员向某一方向寻求发展、作出贡献。

14. 家风与社会及时代的关系。家风受社会大环境的影响，更受时代的影响。家风对社会风气的影响较小。反过来，社会风气对家风的影响更大。

15. 崇尚好家风。好家风催人奋进，让人尊敬；不良家风影响成员自私自利、唯利是图，其形式多种多样。作为有良知的家长或家庭成员，应高举好家风的旗帜，引导家人循着正确的方向前进。

【引言】

家风是人类文明的产物，没有人类文明的进步，不可能有"家风"这个词语和好家风的出现，更无提倡中国式家风可言。因为提倡家风的总体倾向是树立家庭的好规矩、好习惯、好心肠、好行为，目标是让家庭呈上行之势、和谐之局、社会之福，是优秀文明在家庭中的反映之一。如果只有丛林法则，那就不会有"家风"一词，更谈不上树立好家风。

从家风的起源来说，应该是从人类的群居生活中发现不良倾向开始的，才有了与之作斗争、限制杂乱的性行为及物质占有的合理性，其结果是要求有规范性的群居生活，这应该是树立家风的萌芽期。之后，血缘群婚开始解体，再后来，随着对偶婚向单偶婚形式的过渡与确立，受家庭小共同体的利益驱动，人类有了稳定的家庭、进而有建立好家风的要求，以保持家庭传承链的继续繁荣。

一般来说，提出"家风"一词，就是为了树立好家风，那么它是从何时开始的呢？且让我们作些粗略的探讨。

第2节：中国式家风溯源

任何事情总有源头，也一定会发展和变化，中国的家风建设也不例外。那么中国的家风建设是从何时开始、何时被提起的呢？又是怎么发展并走向更加文明的呢？在这些方面，史籍没有明确记载，更谈不上系统的论述，笔者只能从历史记载的碎片中寻找蛛丝马迹。

关于家风的起源，应该和远古时期的婚姻关系须顺于天道、合乎生物生存法则有关，亦和物质利益的分配的合理程度有关。这是因为每个人都有生存及过好生活的自然要求，而人类的繁衍就是与婚姻和生殖及获得物质的合理性有关。

关于家风的起源，大致有以下几种说法。

（一）西晋《家风诗》起源说

西晋起源说的依据是：时人潘岳写有一首《家风诗》，并流传于世，自此家风问题才从一个家庭或一个家族拓展开来，形成"家风"的一个小节点；通过传播，引起社会各界的重视，逐渐成为一种社会性现象，是为西晋《家风诗》起源说。

那么潘岳是怎么样的人，是在何种情况下写《家风诗》的呢？

1. 潘岳即大名鼎鼎的潘安，是西晋时的文学家、诗赋家。他一生写过许多好诗赋，其《西征赋》《秋兴赋》《寡妇赋》《闲居赋》《悼亡诗》等都是诗赋中的名篇，至今仍被文学史家所重视。流传后世的有《潘黄门集》。《晋书·潘岳传》中有："辞藻绝丽，尤善哀诔之文"之说。

2. 潘岳又有古代中国第一美男子之誉，这是他在世俗社会最享盛誉的原因。关于他的美貌，《晋书·潘岳传》中虽仅有"岳美姿仪"一语，但时人却有较详细的描写："岳美姿仪……少时常挟弹出洛阳道，妇人遇之者，皆连手萦绕，投之以果，遂满车而归。"这就是民间故事《掷果盈车》《檀郎盈车》的由来。以下且将故事《掷果盈车》简述如下：

> 洛阳城里有个名叫潘安的男子，自幼聪明绝顶，眉清目秀，被称为"奇童"，年稍长后，更因肤色白皙、风度翩翩、才华横溢，而被称为美男子，在女子圈子中有好名声。
>
> 潘安家是仕族，衣食丰盈，出行有车。他常常带着

弹弓，驾着马车出游。这个信息传开后，在女界中暗暗流传。一天，他按常例出行，消息传出后，引起一些女子的"骚动"，当他的车经过街上时，沿途的人家，有女子的，就打开窗户向潘安的头上掷水果，以引起他的注意。由于车是行进着的，为此，潘安的头上没有被掷着，相反，这些果子都落到他的车上。由于沿途都是这个情况。因此，当他郊游回来后，车上收获了满满一车水果！

这类故事带有传奇性质，可信可不信，但民间有"貌比潘安"之说，史籍中有"岳美姿仪"的记载却是事实，为此，故事流传很广，影响很大。

3. 潘安不仅貌美，文才好，还是个孝子。

4. 关于《家风诗》的写作背景。有两点可说，一是魏晋时期很讲究门阀世第，潘岳家虽排不上大显族，亦是仕族之一，他曾经做过两任县令，政绩斐然，又做过尚书度支郎、廷尉评（掌管朝廷司法）、给事黄门侍郎等职。

但是他所处的时代，政局时有动荡，有世风日下之趋势，而这些都和上层家庭的家风不佳有关。要改变这类争权夺利、过度享受之社会风气，宜从家庭做起，促使他写《家风诗》，虽谈不上针砭时弊，但有正人先正己的想法，是可以说的。

《家风诗》的内容如下：

绾发绾发，发亦鬓止。
日祗日祗，敬亦慎止。
靡专靡有，受之父母。
鸣鹤匪和，析薪勿荷。
隐忧孔疚，我堂靡构。

> 义方既训，家道颖颖。
> 岂敢荒宁，一日三省。

这首四言诗分三部分，潘岳直接写出了他认为端正家风应从自己做起，大致内容可作如下理解：

第一部分共4句，写出讲家风首先应感恩双亲，并从细节做起。爱护、珍惜父母赐予的一切"物质"，包括爱护头发，是感恩父母、敬奉祖宗的外在形式之一，具有孝敬父母的含义，提出要从小养成爱自己、敬父母的习惯。

古时有"身体发肤，受之父母"之说。西晋时，男子是束发的，要常常梳理头发，保持整洁，是持家应有之道的一种规矩。"绾发绾发，发亦鬓止"就是让仪容整洁，也是尊重父母、端正家风的一种行为体现，因为头发来自父母。

第二部分仅1句，说明人要学习才会成才，如果不努力学习，就不能继承家风。"我堂靡构"一句，虽说是指家屋或祖居，推而广之，含有对国家、社会应作出贡献之意。

第三部分为后两句。写出作为人子，在端正家道的基础上该怎么办？潘岳认为要时时反省自己的行为，是否尽到孝道，是否"正人先正己"，方式是通过"一日三省"等办法。讲述人要遵守家教，养成良好的素质和人品，要想人品、道德、才华都居上乘，就要时刻检讨自己的言行，有则改之，无则加勉。

综观《家风诗》的本意，有"家风不可忽视，家教不可小觑，人品十分重要，习惯决定人生"这一家风话题。

以上是"家风"起源于西晋《家风诗》的依据，有一定的道理。那么是否有比上述更早的有关家风起源的说法呢？有，请看下文。

（二）商鞅变法起源说

春秋战国时期，由于统一的周王朝的权力已失控，各诸侯国自行其是，因此处于多国分裂状态。当时的秦国，僻处西北边壤，土地贫瘠，生产力落后。在秦孝公主政时（前361-前338），为了振兴秦国，公开招贤。此时商鞅投奔秦国献策，经三度交谈，终于说服了秦孝公，开始了强国的实践——变法。

变法的第一轮改革重点为"重农抑商"和"奖励军功"，配套措施是取消贵族的特权。目标是提高生产力，强军强国，为进行兼并战争做准备。

第二轮改革的主要内容是：移风易俗，端正社会和家庭风气。当时在列国之间，均有社会风气和家庭风气相对不正的背景，主要反映了男女之间的关系比较混乱。如：

1. 鲁惠公为儿子息（鲁隐公）选宋女为夫人，却因其（宋女）美，"夺而自妻之"。

2. "蔡景侯为太子般娶楚女，而自通之"，这些反映了当时贵族家庭中婚姻关系的混乱状态，即家风不正。

3. 当时的普通家庭是什么样子呢？由于氏族社会的意识形态尚有残留，加上生产力落后，房屋少且较简陋，男女混居一室的现象比较普遍。这就产生了一个问题：容易发生性关系混乱及血缘关系不明的情况。且部分家庭尚有血缘通婚、对偶婚习俗的残留，故民间结婚，有杀首子的风俗，以厘清小家庭建立后血缘关系的纯洁性。

针对上述种种弊端，移风易俗的具体措施主要有两项：

1. 从国家政策上实行小家庭制度。《秦简》中有"民有二男以上不分异者，倍其赋"的规定。这一条从财产与赋税方面采取措施，推行小家庭模式。其延伸作用有：固化分析财产的方式，即父母在世时，允许"生分"、实施"生分"，避免父母去世后，兄弟间产生财产继承方面的纠纷，对稳定家庭经济秩序、家风相对纯正有促进作用。

2. 以强制规定的办法，斩断杂乱婚、对偶婚时期的残余，即禁止杂乱的性关系。《秦简》有曰："令民父子兄弟同室内息者为禁。"即以政令的方式，禁止男女混居；不仅禁止同辈兄弟姐妹男女混居，亦禁止不同辈分的男女混居，从居所上着手杜绝混乱性关系的根源，对家风建设有莫大好处。

商鞅变法为什么要有这些规定呢？主要是整顿好家庭秩序，让家风端正起来。有家庭的好风气，才有国家的好风尚。关于移风易俗方面的整顿，商鞅自己觉得很成功。因此"有家风起源于商鞅变法"之说。

（三）周礼起源说

在远古时期，由于家庭模式相对模糊，无家风可言，亦因没有文字，无法记载，只可能口口相传。可以想象，由于那时还是对偶婚阶段或对偶婚向单偶婚过渡阶段，家庭概念从相对模糊到相对明晰。如果说这个阶段有家风话题，肯定是相对杂乱的家风。这是殷商以前的情况。从家庭是社会的细胞的角度看问题，这个王朝相对容易滋生腐败。历史上传说的"纣王烽火戏诸侯"，就是使殷分崩离析的重要原因，王朝恍如大家庭，大家庭的"家风"如此，离灭亡就不远了。

殷商以后，人类社会转向单偶婚阶段。西周王朝鉴于殷这个"大家庭"缺乏好的风尚导致国家灭亡的教训，遂有"制礼"之举，即将国家和每个家庭的行为规则纳入"周礼"的范畴，规范后使每个家庭建立较好的家风。

用"礼"的方法和制度，首先从王朝做起，延伸至每个家庭，这就是"周礼"的推行。

一般所说的周朝的"三礼"指《仪礼》《周礼》《礼记》三部著作，以《仪礼》最早，虽说成书均为后儒所录，但其内容却是周朝的产物。其中《仪礼》对婚姻问题作出较为明晰规定，主要内容如下：

1. 同姓不婚。这条规定有两层意义，一是禁止了近亲结婚，使人种走向昌盛。二是可以预防或避免不正的家风。周朝时，族群尚少，同姓者血缘大多相近，且接触机会较多，容易产生感情或性接触，即有不正的家风。对家庭或家族都非好事。

2. 普遍的一夫一妻制。周礼规定：民间实行一夫一妻制。通婚有严格的等级限制，即王室与王室间可通婚，诸侯间亦同样，庶民只能与庶民通婚。

一夫一妻制的规定，就庶民家庭来说，既是规范，也是维护家庭好风气的奠基，避免产生不良家风。不过，由于人的私心特征，王室为了自己的利益和享受，周礼又有特例之设。

3. 特例。在民间一夫一妻制的基础上，《周礼》又规定：王室内可有一妻三妃，诸侯可娶三女等，总之是等级婚姻制度。

就以上几条关于婚姻和家庭的规定来看，有进步，对树立家庭好风尚的促进作用很显著，只是没有提及"家风"这个词而已。因此，说家风起源于"周朝礼制"，有一定的道理。

（四）家风里程碑说

中国重视家风建设应该起始于习近平新时代，也可说是家风建设的里程碑。大致有以下一些标志：

1. 高举旗帜，吹响号角。2016年12月12日第一届全国文明家庭表彰大会在北京举行。中共中央总书记、国家主席、中央军委主席习近平亲切会见全国文明家庭代表，并发表重要讲话。讲话的内容主要有三方面：第一，希望大家注重家庭。家庭是社会的细胞。家庭和睦则社会安定，家庭幸福则社会祥和，家庭文明则社会文明。历史和现实告诉我们，家庭的前途命运同国家和民族的前途命运紧密相连。我们要认识到，千家万户都好，国家才能好，民族才能好。国家富强，民族复兴，人民幸福，不是抽象的，最终要体现在千千万万个家庭都幸福美满上，体现在亿万人民生活不断改善上。第二，希望大家注重家教。家庭是人生的第一个课堂，父母是孩子的第一任老师。孩子们从牙牙学语起就开始接受家教，有什么样的家教，就有什么样的人。家庭教育涉及很多方面，但最重要的是品德教育，是如何做人的教育。第三，希望大家注重家风。家风是社会风气的重要组成部分。家庭不只是人们身体的住处，更是人们心灵的归宿。家风好，就能家道兴盛、和顺美满；家风差，难免殃及子孙、贻害社会，正所谓"积善之家，必有余庆；积不善之家，必有余殃"。也就是说，习主席讲话有三分之二是讲家风的；三分之一虽讲家庭，实质也是讲家风建设，因为家教是家风建设的前置。

2. 掀起宣传高潮。在表彰大会后，全国掀起了一股宣传家风建设的热潮。各级党委传达、贯彻习总书记的讲话精神：从领导干部做起，为树立好家风做榜样、立规矩，全国各地的相关报刊，开辟有关家风的专栏及文章。如《家人》杂志辟有"家风"专栏，《家庭文摘报》每期均有"家风"的专版。在全国形成倡导好家风的宏大声势。

3. 好家风之声一步步"飞入寻常百姓家"，乃至在比较时新的相亲会上也有家长打听对方家风好否的情况。笔者在杭州市妇联"妇女活动中心"于2019年9月8日举办的相亲会上，见到双方家长在条件相当的基础上，相互了解对方的家风，以确定是否让子女联系。当然探询对方的家风是用很委婉的方式进行的。

从上述较有代表的三方面，可以感觉到中国的家风建设已经进入一个新的发展阶段。将家风建设好，不仅家庭和谐、兴旺，国家也会欣欣向荣。家与国具有同步性、一致性。

（五）家风起源综说

家风的起源，不太可能有标准的说法。因为在古代，"家风"可以独立成为一个词语，但它必须承前启后。它的"前"是家教、家训、家规、口头告诫等；它的"后"又分"上行"和"落势"两大类。上行式家风促使家庭成员有进取精神、善良品性、宽厚胸怀、慈爱及人等优秀品质；下行式家风大多指不良家风或有不良趋势的家风，有的乃至发展为现代意义的黑恶型家风。综述如下：

1. 潘岳《家风诗》起源说，虽说有《家风诗》作为标志，且有关于家风的具体内容，但主要着眼于一个家庭的家风建设，一般来说，辐射作用有限。是否可以成为家风起源一说，能否被学界普遍认可，有待时间检验。

2. 商鞅变法起源说，有政令形式"开道"，通过法规强制执行，对整肃不良家风有相当建树，进步明显，但其改革主要内容系农战，对民众极不利。为此，是否可以成为家风起源难成定论。

3. 周礼起源说。在周礼中关于婚姻家庭的规范化，在当时种姓极少的情况下，有明显的进步。既指向大众，亦规范"自己"，具有示范性质，且有政令的权威性、代表性，产生的影响较广泛，为此，笔者认为称"周礼起源说"较妥。

4. 家风里程碑说，亦是家风建设起源说的一种，而且摆在我们面前，看得见、听得到，是新时代的产物。

5. 我们所说的家风，大多指现当代家风，往往指向家庭上行的家风，或孝慈友善成楷模，或助人为乐被称道。对照前文的"崇尚好家风"，笔者认为"以周礼起源说"较妥。新时代的家风建设，如一股春风吹向每一个家庭，具里程碑性质。

【引言】

　　虽说中国式家风多种多样，各不相同，但有一个总体倾向、总体格局，即崇尚礼仪、追求家庭上行，显示东方文化色彩。这种对家庭上行的追求，可以有各种不同的方式，或宽松自由，或谨严认真，也就是随着文明的脚步，家风亦不停地向前。同样道理，外国人家的家风也是多种多样、各不相同，但由于土地、风水、气候等方面的不同，会形成总体的大不一样。仍然是同样道理，每个种群的人，都有不同的相貌特征、不同的性格，显示不同的文明。这正如人脸识别系统的出现和应用一样。

　　在中国式家风的渊源中为什么要插入中外家风比较呢？这是因为文化总是相互交流，相互影响乃至是相互渗透的，最早是一些西方或邻国向我们输入佛教、基督教等，稍后又有排洋教运动。十七世纪初，儒学传播到西方，也有被排斥的经历。这些虽是意识形态和文化的冲突，亦关系到家庭文化，因为信仰是家庭文化的一部分，为此才有中外家风比较这一小节文字。

　　中外家风的比较，只能是粗线条、非典型性的，因为要想全面了解世界各国的家风形态和特点，几乎是不可能的——这个世界太大了。

第3节　中外家风比较

　　关于中国式的家风，笔者在本章的第一小节中，已有初步叙述，但对世界各国的家庭组织结构和家风却没有涉及，为了对中国式家风有一个比较性的认识，为此，在本节中对中外家风的异同作粗略的探讨。

（一）与美国人家风建设比较

美国由50个州联合组成，每个州由民众自由选举州长，除了国家宪法外，每个州都有自己的法律。这种制度设计，显现出自由、民主的形态。为此，从家庭和家风来说，也相对自由和宽松，不像我国的小家庭，如果有孩子，几乎是包办一切，如求学时期的陪读、来往于学校和家庭的接送等。这种文化的不同，造成了教育方式和结果的差异，中国孩子对父母的依赖性较强，美国孩子的独立性则更突出。试举拿破仑·希尔家风与中国土豪家风比较。

拿破仑·希尔（1883—1969）是美国最著名的成功学家之一，他的经典著作《成功规律》《人人都能成功》《思考致富》等被译成几十种文字，在全球数十个国家或地区发行，销售量近亿册，成千上万的人从他的著作中受益，因此他也被戏称为"富翁创造者"。

希尔的一生，本身就是成功的范例。他出生在美国弗吉尼亚的一个贫寒之家，母亲早逝，但幸运的是继母是一个善良且教育有方的人，她鼓励小希尔努力去做一个追求成功的人，干出一番大事业，这对早期希尔性格的形成有很大帮助。成年后的希尔正是凭着这些特质，从最基层做起，一步步走上成功的道路。

成功后的希尔，承袭了父母勤俭节约、刻苦耐劳、不刻意寻求享乐，而是保持一颗平凡的心态和勤奋的精神，对工作和研究，执着且专注。终于让自己获得成功。他不仅自己成功，也希望他的后人也是成功人士。他在写给儿子的信中，表达了他的愿望，希望他保持家族的传统美德，开创出属于自己的人生。

反观一些中国土豪的家风，发财后，不知修德，肆意挥霍，对后代放任自流，不仅造成家业的迅速衰败，还污染了社会风气，成为励志教育的反面教材。例如恒大集团原董事局主席许家印，在事业成功后，忘失本心，穷奢极欲，吃千元一斤的进口水果，住价值几亿的豪宅，出行则是豪车、游艇、私人飞机。他还斥资几千万将老家的祖坟扩建成"许家陵园"，占地8000多平米，建有门楼和围墙，并有保安值守。这种奢华的作风直接影响到公司内部和下一代，据有关媒体透露，恒大有些高管和许家印的儿子在生活细节上都很注重"品位"，其花费是普通人家无法想象的。这一切最终造成了"恒大帝国"的垮塌，许家印也锒铛入狱。对此，《浙商》的评价可谓中肯："从草根到地产巨头再到如今败局，许家印的浮沉宛如名望与财富的赌博。在这场资本游戏中，他用一个又一个赌局串联出来的恒大，庞大却千疮百孔，或许正印证了那句'其兴也勃焉，其亡也忽焉'。"

（二）与德国家庭的家风比较

德国是欧洲强国之一，国人以性格严谨著称，从而衍生出严谨的家风。在《中华家教》杂志所载的一篇《再富也要"穷"孩子》的文章中，讲述了一些本身富裕的德国家庭，在孩子成长阶段，会让他们到一个贫穷的国家或地区去生活一段时间，过艰苦的生活，使孩子加深对社会、对人生、对世界的较为全面的认识。这种家教方式，成为德国孩子成长过程中的必修课。为什么呢？培养孩子吃苦耐劳精神，使他们在走向社会后，在努力奋斗中经得挫折而继续拼搏，从某种程度讲，是对他们的关爱，而不是溺爱、宠爱。

这种社会风气也可以说是国魂、国风，并衍生出家风。为此，每年的假期在德国都有一批中小学生，千里迢迢往南美洲或非洲去体验、去锻炼，经受考验。这些活动既不是出国旅游，也不是勤工俭学，而是培养孩子在逆境中如何生存、应对、成长。所有费用均由每个家庭自己出，是花钱买苦吃。这就是大多数德国家庭认可的家风："再富也要'穷'孩子"的观念。

对照我国城市家庭的家风，有一个比较明显的不同，"再苦不能苦孩子"几乎是大多数家庭的共识。父母挣钱养活孩子，培养他们成长，将希望全部寄托在孩子的未来。父母省吃俭用，为了让孩子进一所比较好的重点小学或重点中学，在考试分不够的情况下，将有限的积蓄用在"择校"上。一般师资好、学风正的重点中学，都面临着人情关系的困扰，大家挤破头想进，实在难以拒绝，只好以高额择校费吓退一些分数不够的关系户。小学阶段，更是天天接送，将孩子宠上天。爱的责任是尽到了，可是孩子在"温室"里长大，今后吃得起苦吗？对孩子有利吗？这就是当今众多家庭汇聚而成的社会风气，亦是大多数家庭的家风，对于孩子的成长极为不利。

（三）与澳大利亚家庭的家风比较

澳大利亚是英联邦下属的一个独立国家，是世界上唯一一个独占一个洲的国家。由于澳大利亚人以英国移民为主，因此受英国文化影响较深。就家庭文化来说，亦带英系文化的痕迹，主要反映在培养孩子这个问题上。一些富裕的澳大利亚人都信奉："对孩子不能娇生惯养，否则，娇惯了的孩子缺乏自制能力和独立生活能力，长大后难免要吃大亏。"

孩子是家庭的新生力量，对孩子的教育与培养，关系到孩子长大后组建新家庭的家风，那么澳大利亚人是如何培养孩子的呢？

1. 让孩子接受寒冷的考验。

"让孩子（比大人）少穿一件衣服。"就是在最寒冷的月份，也很少见哪一位澳大利亚人的孩子穿棉衣和防寒服，最多只是在"短打扮"外面罩一套深兰色的绒衣，便无事一般地行进在寒风之中。而太阳一出来，便又将绒衣脱去，只穿短衣、短裤、短裙。澳洲的冬天虽然不是很冷，但早晚温差较大，气温常在10摄氏度以下，以我们中国家庭的眼光来看，秋冬之际，孩子"短打扮"实在穿得太少了。

2. 让孩子接受烈日的照射。

澳大利亚的父母还十分重视锻炼孩子的抗高温能力，在这方面可以说是煞费心机。澳洲污染少，太阳辐射异常强烈，初来乍到者稍不注意，就会被晒得皮开肉绽。然而，走在大街上，却不时见到母亲推着婴儿车在炎炎烈日下前进……车上并非没有遮阳伞，只是没有撑开而已，目的是让孩子锻炼。

3. 让孩子接受海浪的挑战。

澳大利亚酷爱勇敢者的运动——冲浪。无论是炎热的夏天还是寒冷的冬天，父母都常常带孩子去海滩，小孩子退尽"束缚"，光着脚丫去玩沙、玩水；稍大一点的孩子便跟着父母下海冲浪，呛水的现象时有发生，但父母最多也只是为其拍拍背，便鼓励孩子再次下海搏击风浪。

其实，澳大利亚人对孩子的"残酷"并非像日本人那样刻意为之，他们的想法很简单——"为未来着想"：既然孩子长大以后早晚要离开父母，去独闯一片天地，与其让他们面对挫折惶惑无助，还不如让他们从小摔摔打打，培养出直面人生的能力和本事。

当然这是大多数澳大利亚家庭的家风。对照我国的多数家庭，将孩子保护得像鲜花。两者形成鲜明对比。

（四）与印度民间家庭的家风比较

印度是南亚国家，与我国西北部接壤，是世界人口数量最多的国家之一。虽说现在实行资本主义，但经济发展不具规模性，种姓观念根深蒂固，妇女地位十分低下，其家庭组织以大家庭居多，就两国的家风比较，主要有三点可说：

1. 印度的家庭或家族荣誉感十分强烈，从妇女地位低下而论，在对待家风问题上，以处罚女性为主。

2. 在印度的许多地区，种姓和族姓观念较重，相当于我国封建社会时的门第观念。富豪家庭与农民家庭通婚，属于门不当户不对，家庭干涉是可以理解的，但大多采取相对宽容的态度，或劝阻，或强行分离，但采取极端措施的可能很小。但印度个别落后地区就发生过因为不同种姓通婚或者出轨而将女性处死的事件。这是中印两国对待家风问题的不同态度。

3. 我国的妇女在家庭中的地位显然高于印度，尤其现代，中国家庭一般由主妇掌管家庭经济，很多家庭中丈夫和孩子的收入除留下必要的零用钱之外，均交给女主人。

总的来说，在普通家庭范围内，印度妇女地位远远低于中国，但很多家庭遵循宗教传统和文化传统，也有自己的一套家风传承，比如尊重出家僧侣、高等级种姓以及吃苦耐劳、安贫乐道等等。

（五）中外家风比较综说

由于国情、文化的不同，中外家庭的家风存在差别是不可避免的，其中有值得我们借鉴的地方，也有一些不适合我国的国情、人情，需要摒弃和批判的地方。之所以和发达国家的家风作粗线条的比较，有下列几个原因：

1. 为了激励自己。与好的家庭比较，有利于"取其长"而"补己短"，让我国的家风建设更上一层楼。

2. 中国的家风建设，主要靠家长主导，表现为单体个性化，不具合力和社会性，缺乏后劲，但从习近平总书记在全国第一届文明家庭表彰大会上专题讲话后，这种情况得到极大的改变。

3. 发达国家的家风建设，基本形成社会共识，有相互促进作用。

4. 与下一节"家风的流变"联系起来看，我国的家风建设已。

5. 通过中外家风的简单比较，笔者认为，从下一代开始，我国的家风建设将会从封建时代的分散性、个体性向社会共性逐渐转化，这是因为从领导干部开始的带头示范作用和少年一代接受坚定的社会主义思想。

【引言】

2010年，可以说是中国人重视家风建设的一个大节点——比较明确地提出家风建设，乃至可以说是一个里程碑。因为历朝历代，虽有"家风"之说，但声音微弱，呈分散性、不明确性，仅以家规、家训等形式对全家告诫，而且从现象上看，家风问题似乎是一家一户或一个家族内部的事，与社会关系不大。为此无法形成合力，亦未造成声势，更谈不上专门研究家风问题。

从时间阶段考察中国式家风的流变，第一个时间段为自上古至中古，时间跨度长达两千多年，即整个封建社会。无论在唐宋元明清各朝，家风建设问题都没能走出一个家庭或家族的范畴。第二个时间段应该自近代社会起，处于半封建、半殖民地时期至新中国改革开放初期，这个时间段的家风建设，呈激烈变动性质，新旧家庭模式交替呈现，相互争夺家庭发展趋势的主导权。第三个时间段是在习近平总书记在第一届全国文明家庭表彰大会后。其标志为习总书记在大会讲话中的第三部分专章讲述家风问题，即从领导干部家庭做起谈家风，亦是中国家风建设擂起战鼓的新阶段。正因为第三个发展阶段，才将本小节归入本章。

第4节：家风的流变

家风是一个家庭或一个家族内部的事，但我们如果仅停留于此，则这个家风建设的意义是局限的。对照"家风的定义"第6点，家风不仅是自个家庭的风气，亦具有辐射作用，好的家风会影响邻里，也会影响整个社会；一个上级领导有好家风，就可能让周边人和他的下级仿效。习近平总书记在第一届全国文明家庭表彰大会上，专章讲述家风问题，就是要我们每个家庭都注重家风建设，尤其是领导干部，必须重视好家风建设。这是一个历史性的新阶段。也可以说是家风建设的一个里程碑！让我们由远及近地看中国式家风的流变。

（一）从近代家庭看家风嬗变

中国家风建设的激变发源于近代，和社会变革有很大关系。中国的近代史，一般从 1840 年的鸦片战争开始（延至 1919 年五四运动）。之后，清政府被迫打开国门，一个直接的后果是：因为通商，不仅西方各种新奇产品大量涌入，如洋火（火柴）、洋房（用钢筋水泥建筑的房屋）、洋袜（手摇织机制成的袜而非用布手缝的袜）、洋服（西式服装）等，更重要的是西方思想文化亦随同冲进国门，开始影响国人的传统思维，就家庭范围来说，家庭的功能、家庭的规模、家庭的作用等开始改变。据邓伟志《近代中国家庭的变革》中说："就是家庭的功能在一天天地由多到少，家庭观念在一天天地由浓到淡，家庭理论在一天天地由浅入深，由旧变新，月异日新。"其实还可加上一句：家庭对社会的贡献，在一项项地增多，如现代工业的兴起，需要每个家庭"派遣"出劳动力，每所新式学校的开办，会从每个家庭吸纳许多学子等。

不过，在这个时期，由于门户开放，以经济方面为主，思想文化方面的渗透居于相对次要的位置。原因是受西方文明影响作用，仅限定在通商口岸城市和各个租界内。为此这个时期的中国社会，称为半封建半殖民社会，对家庭文化的现代冲击，可称为准备阶段。主流仍然是儒家思想。精英阶层中仍然奉行忠君爱国、慷慨节义思想。由于这样的背景，家风影响人们的作用是改革图强，而不是像辛亥革命那样，试图进行制度性革命。以人物活动举例说明：

1. 谭嗣同家庭与家风。

谭嗣同（1865—1898），字复生，号壮飞，湖南浏阳人，清末政治家、思想家，维新派人士。其父谭继洵，曾任湖北巡抚等职。他出生在书香家庭，忠君、爱国、讲仁义、重气节，有一个好家风，但受忠君思想的束缚颇深。

谭嗣同一生致力于维新变法，主张中国要强盛，只有发展民族工商业，学习西方资产阶级的政治制度。他公开提出废科举、兴学校、开矿藏、修铁路、办工厂、改官制等变法维新的主张。其忠君爱国的思想和行为，和谭家的好家风不无关系。

谭嗣同一家有好家风，亦体现在后辈身上。据谭嗣同玄孙谭士恺说："我们从不宣扬自己是谭嗣同的后人，即使在历史课本上讲到先祖谭嗣同的英雄业绩时，除了心中有一种自豪感外，从来不表露自己是谭嗣同的玄孙。不以祖先的业绩为荣，必须以自己的行动为社会作出贡献，才是我们的本分。这就是我们的家风。谭嗣同不仅是谭氏家族的谭嗣同，也是长沙、湖南乃至中国的谭嗣同。"

从以上谭嗣同一家及其后辈所反映的情节，继承了封建制度下正义的一部分，属于正家风。

2. 家风影响魏源一生。

魏源（1794—1857），清末思想家、史学家、文学家。与龚自珍同为今文经学派。在晚清时，由于国势衰弱，屡次遭受列强的欺凌，他主张抵御外来侵略。曾编撰《海国图志》，提出"师夷长技以制夷"的思想，倡导改革变法。他是中国最早放眼看世界的杰出人物之一。

魏源的家族有着显赫的历史，远祖魏无忌为春秋战国时期"四大公子"之一的信陵君，先祖魏延系蜀汉名将，魏徵为唐朝名臣等。身处晚清的魏源，目睹家、国俱困的危局，力主变法图强。

为此成为改良派重要人物之一。那么，魏源为什么那么关心国家和民族的兴亡呢？这和他所受的良好家教、优秀的家风的影响有关，我们从魏氏家训可略窥一般。

魏氏家族为世代名门，留有家训，以教子孙。

　　父母恩深孝莫轻，兄当弟友弟恭兄。
　　克勤克俭才知瞻，无傲无骄礼义身；
　　史书流传宜苦读，田园保惜务深耕，
　　早完图谋余无事，家道丰饶自有征。
　　教家尊事务宜和，和气自然瑞气多；
　　德意同时通肺腑，恩情深处化偏颇；
　　宁知忐好衾同寝，毋效相扰室操戈；
　　嫌隙不生皆蔼蔼，天伦无愧乐如何。
　　人生处世务忠良，行要端方品要庄；
　　君子宅心备至性，仁人举止尽经常；
　　休今知友讥谅德，宁使乡邻抱谦光；
　　持此教家家道盛，儿孙继世福绵长。

优良的家风可以为家庭成员成长成才提供良好的生长环境与学习氛围。邵阳魏氏家族在祖祖辈辈的生产生活中，形成了勤劳力学、乐善好施、务实经世的优良家风。魏氏家风熏染着魏源，使其勤奋力学，成长成才，成为近代具有划时代意义的历史人物。魏源践行和传承着魏氏家风，他在地方为官时，多行善举，务实经世，并把这种乐善好施、务实经世的家风发展成为慈善思想和经世学风，使魏氏家风得到进一步发展和弘扬。

3. 家风让龚橙毁誉参半。

龚橙是清末文学家龚自珍的儿子，自幼聪明异常，但父亲并没有给予他好的教育和影响，致使他长大后孤高狂傲、风流放纵、缺乏爱国情怀。

关于坊间传说"龚橙曾带领八国联军火烧圆明园"的罪行，可能不是事实，但龚橙通多国文字，曾担任联军翻译官之类的职位极其可能。这是近代中国家庭和家风的反面例子。

总的说，近代史阶段，不仅是中国政局激烈动荡，而且同步展现的家风，也呈激变状态。

归纳起来，延至近代，由于受西方文化的影响，以中国知识阶层为代表，有变革图强的要求，但未能摆脱忠君的思想，即使是思想比较进步的谭嗣同，也没能打出与封建制度彻底决裂的旗帜，而停留在"仁学"的温和层面，进步有限。

（二）旧中国时的家风嬗变

1911年，武昌起义一声炮响，辛亥革命爆发，全国各地革命力量风起云涌，清皇室被迫逊位，中国最后一个封建王朝终结。资产阶级民主革命取得了初步胜利，同时带来各种新事物、新思想。在这个时期，旧的家庭观念、家风建设等方面受到巨大的冲击，有的还比较激烈。

试举一例（据《吴中判牍》载）：

> 谢登科控戚徐有才往来其家，与女约为婚姻，并请杖杀其女。余曰："尔女已许人否？"曰："未。"乃召徐至，一翩翩少年也。断令出财礼若干，劝谢以女归之。
> 判曰："城北徐公素有美誉江南，谢女久擅其才名。既二美之相当，亦三生之凑腑。况律虽设大法，礼尤贵且顺人情。嫁伯比以为妻，云夫人权衡允当，记钟建之大负

我楚季革，从一而终，始乱终成，还思补救，人取我与，毕竟圆通，蠲尔嫌疑，成兹姻好，本县亦一冰人也耳。其谌吉待之。

这是一桩因家风引起的诉讼案子。起因是：谢登科之女与徐有才在见面、交谈等往来中产生爱恋，"约为婚姻"属"私订终身后花园"性质。这样的事在当时被认为败坏家风，父要处死其女。也就是满脑子旧思想。他未曾料到，当时已进入民国，法律已经允许自由恋爱并结婚。县知事（当年的县长）接手这件案子，传来被告（男方），见徐有才一表人才，自然博得少女青睐。就作了判决：结婚，但须将财礼送至岳家。县知事自称媒人（冰人），促成了一桩三全其美的好事。因为女儿结婚了，就与败坏家风毫无关系了。

这是民国早期的婚姻与家庭，家庭与家风的典型例子。

为什么民国早期的家风会变得激烈冲突呢？也许有下列几个原因。

1. 纸质新闻媒体的出现与蓬勃发展，对有关家庭与婚姻的观念事件多有报道，这对旧的家庭与婚姻观念冲击很大。如湖南的赵五贞事件：以自杀反抗包办婚姻。

2. 新式学堂的出现，使女子有同样的受教育权，由于同在一个学校，不免产生恋爱事件，有的发展到结婚，这对旧的家庭观念产生了激烈冲击。

3. 由于基督教等西方宗教的传播，对家庭和家风亦产生不小的影响，并因传教引发排外风潮，如义和团运动的兴起，产生焚烧教堂、杀害信众等行为。

（三）新中国初期家庭嬗变

无可否认，家风受社会和时代的影响。时代和社会风气是大环境，大环境产生各类社会要求，它必然影响到每个家庭以及家风。试以男女婚配、组建新家庭来说，对一部分家庭发展趋势必然产生影响。

建国初期，社会又一次发生激烈的变革，主要反映在政治制度变革后，不同阶层的社会地位亦有了显著的变化。由于当年实行生产资料的公有制的配套措施，在城市，工人阶级的地位空前提高，成为新中国的领导阶级，而中国共产党则是由工人阶级的先进分子所组成的。完成过渡时期总路线，私营经济、地主阶层已不复存在，手工业户和小工商户亦走上合作化的道路。就家庭方面来说，有下列一些变化：

1. 一些资产阶级的子女，在结婚的问题上，有攀交工人子女的愿望。女子希望嫁给工人，今后子女不再受歧视，在读书（指升大学）、就业、提干等方面，有很好的发展前景。如有个姓金的女孩，初高中时，成绩很好，但进入大学，须过政审关。她出身资方家庭。尽管家风很好、学习勤奋、人际关系不错，但因海外关系加资方家庭的缘故，属不考虑录取之列。原与同班同学敬某某较好，有结婚预期。但在考大学落榜后，断了这层关系，另找了一个有文化的出身工人家庭的男孩，为的是今后子女能得到公平对待。

2. 军人吃香，军官尤其招人喜欢。在组建新家庭时，主要也是从政治上考虑得多。很多年轻女子因为仰慕军人，忽略了男方的一些自身缺点，双方经过短暂接触后便步入婚姻殿堂。这种家庭的家风是军人型，以能吃苦耐劳、服从命令为天职。但往往因为文化、性格等方面的差异，后期容易出现各种各样的问题。

以上仅是新中国初期中国家风的点滴反映。是革命成功后社会阶层激烈变动的特殊时期，不具代表性。随着形势的发展，这种特殊情况逐渐消失。

第二章　历朝家风概说

【引言】

汉朝是一个完善和巩固家庭秩序的朝代，其主要业绩是将发源于周朝、兴盛于春秋的孝悌之道具体化，使之利于执行，达到提高老年人地位，进而巩固家庭秩序的目标，也是创建好家风的一种措施。

汉朝从公元前202年起，公元220年止，共经历406年历史。其间经过西汉与东汉的交替，是古代中国年份仅次于周朝的朝代。

汉朝还是一个小家庭模式开始稳定的朝代，亦是家庭环境进行秩序化的开始。有汉文帝时推行"王杖诏书令"的举措，有董仲舒制定和推行"三纲五常"的人伦，有《孝经》的撰写、传世，有中华孝文化的强力推行的种种措施。对于稳定家庭秩序，提高家风建设的力度，具有极有力的作用。在当时，"家风"一词虽尚未正式提出，但随着家庭形态的确立和稳定，家风亦同时显现出来。本小节要叙述的是两汉时期的家风。叙述角度侧重于法律史的角度，特此说明。

第1节：两汉时期的家风

汉朝，是我国真正奠定大一统的朝代。虽说我国是一个有56个民族的多民族的国家，但以汉族为主，却是在汉朝时打下的基础。汉朝分西汉和东汉两个时期，家庭形制、家庭风尚等犹有承袭秦朝的余风，但斩绝了秦朝酷烈的治家国风。随着时代发展的需要，变化亦在逐渐产生。这里要说的是家庭风气的变化。又因为家庭是构成社会的最基本单元，无论是在经济关系、人性展现、法律关系等方面，都有所反映，为此，本小节侧重于从家庭成员关系谈家风。

（一）从陆贾立功到析产谈汉初家风

陆贾是汉朝的开国功臣之一，有纵横家一样的口才。汉朝定国之初，南越赵佗，势力很大，尚未纳入汉朝的版图。汉王刘邦就派陆贾出使劝降，同时带去了《任命书》，若赵佗肯降，拟任命他为南越王。

赵佗虽据有南越领地，但僻处南疆，对中原大局不怎么了解，初见陆贾时有点倨傲，凭什么要向中原王朝称臣？因此比较怠慢陆贾。但陆贾耐心地向他分析向中原称臣的利弊，说："大王的祖坟是否在中原？"赵佗点头称是。"父母是否均在中原？"赵佗又一次点头称是。"大王可知汉王兵力曾击败西楚霸王项羽？""知道。"此时的赵佗心里渐渐有了压力。

陆贾接着说："汉王派臣前来劝说，且带来封南越国王诏书，含有统一和好之意。若不降服，首先是这些祖坟都将灰飞烟灭，父母也将不保。汉王实力强大，有目共睹，只须派一员大将，领几十万大军来讨伐，你这个南越国会很快瓦解，到时悔之晚矣！"

经过陆贾的开导和分析，赵佗猛然警醒，听从陆贾的劝说并接过了封为南越王的诏书。为了感谢陆贾的开导，赵佗赠给陆贾一份丰厚的礼物。这样一来陆贾既有官俸，又有被赠的财宝，家产更丰富了。

陆贾有五个儿子，早已分家别居。为了继承家庭内部生活水平不宜相差过大的传统，他将五个儿子叫到身边，将其中大部分财产平分给他们。这叫"生分"；仅保留了一小部分。陆贾为什么要这样做呢？这和陆贾为了维护家庭秩序、希望有一个好家风有关，大致有以下一些原因：

1. 汉朝的家庭模式基本上承袭秦制，以小家庭中的主干家庭为多数，五个儿子都已成人，分开别居，经济并不是很好。

2. 陆贾拥有较多财产，比五个儿子的家境好很多，如不分，儿子家心里会有不平。

3. 汉朝的法律允许"生分"。"生分"后自己和儿子们的经济条件相对平衡些，能避免父子间的不愉快。

4. 将财产预先分给五个儿子，也有让他们回报之意；以后能够让儿子们更好地尽孝。自己就能得到"美名"。

5. 将大部分财产平分给五个儿子后，轮流到每个儿子家住一个月，并且约定：如果在哪一年他故世，遗产就由哪个儿子继承。这种设计，既收获了亲情，又建立了家庭良序的传统，好家风由此而始。

总之，陆贾出使南越，既立了功，报效了国家，又得到南越王馈赠的一笔财富，他分给五个儿子后，能避免今后发生矛盾，也是发扬好家风的一件好事。

（二）董仲舒与三纲五常

两汉历约四百年，与董仲舒提出的"三纲五常"伦理学说并经汉武帝大力推行有很大关系，也与搞好家庭秩序、建设好家风有关。应该说与董仲舒继承了陆贾的儒道兼容、无为而治和有为而治相结合的思想有关。那么，什么是"三纲五常"？

董仲舒（前179—前104），西汉广川（今河北景县西南）人，世代业农，地主家庭，家道淳厚、孝悌。青少年时饱读诗书，之后成了思想家、政治家、教育家，唯心主义哲学家和今文经学大师。汉景帝时任博士，讲授《公羊春秋》。汉元光元年（前134），武帝下诏征求治国方略，董仲舒在著名的《举贤良对策》中系统地提出了"天人感应""大一统"学说和"诸不在六艺之科、孔子之术者，皆绝其道，勿使并进""推崇孔氏抑黜百家"的主张，为武帝所采纳，使儒学成为我国古代社会正统思想，影响长达两千多年。其学说以儒家宗法思想为中心，杂以阴阳五行说，把神权、君权、父权、夫权贯穿在一起，形成帝制神学体系。

"三纲""五常"两词，出自于西汉董仲舒的《春秋繁露》一书。但作为一种道德原则、规范内容，起源于先秦时期的孔子。孔子曾提出了君君臣臣、父父子子和仁义礼智等伦理道德观念。孟子进而提出"父子有亲，君臣有义，夫妇有别，长幼有序，朋友有信"的"五伦"道德规范。董仲舒按照他的"贵阳而贱阴"的理论，对五伦观念作了进一步的发挥，提出了三纲原理和五常之道。

"三纲"即君为臣纲、父为子纲、夫为妻纲。后两纲主要体现在家庭之中，是男权社会的象征，虽说有些不平等，但也体现一种责任和担当——父亲对儿子和丈夫对妻子负有抚责的无限责任。"五常"通常指仁、义、礼、智、信。既是社会规范，亦是家庭内部的要求。两个概念的提出并得到贯彻，不但对治国、安定社会是一种方略，对搞好家庭秩序、树立好家风同样起了促进作用。可以这样理解，"三纲"主要体现家国同构思想，"五常"则是要求臣民以此为行为准则。自此，开启了董仲舒推崇的独尊儒术的时代，诸子百家中的墨家、杨朱几被禁绝。

董仲舒有二子，均外迁或别居。应该和作官外仕或汉代仍沿袭小家庭模式有关。据《世说新语》言，"其子符安，被误传为不孝"，可能是上述两种情况造成的，或者系董仲舒要求过严有关。

董仲舒一生历经四朝，度过了西汉王朝的极盛时期，公元前104年病故，死后得汉武帝眷顾，被赐葬于长安下马陵。

（三）从朱买臣休妻谈西汉家风

不少人可能看过昆剧《朱买臣休妻》，故事大意是西汉名儒朱买臣之妻崔氏，在中年时因不堪家庭贫困生活，为求温饱，弃丈夫改嫁。后朱买臣得官荣归故里，崔氏跪于马前，乞求破镜重圆。朱买臣拒而讥之。剧情又延伸了"马前泼水，要求前妻崔氏将水收入盆中，始允许复婚"的情节。这当然是不可能的事，崔氏羞愧无地，于烂柯山下投水自尽。为此该剧又名《烂柯山》。

有关朱买臣与其前妻的纠结，另有连环画《马前泼水》等文学作品，在民间流传很广。作品的立意大多是讥讽朱买臣的前妻嫌贫爱富、耐不住清苦生活。那么真实的历史如何呢？我们且看一则《汉书·朱买臣传》。有如下记载：

> 朱买臣，字翁子，吴人也。家贫，好读书，不治产业，常刈薪樵，卖以给食，担束薪，行且诵书。其妻亦负戴相随，数止买臣毋歌讴道中。买臣愈益疾歌，妻羞之，求去。买臣笑曰："我年五十当富贵，今已四十余矣。女苦日久，待我富贵报女功。"妻恚怒曰："如公等，终饿死沟中耳，何能富贵！"买臣不能留，即听去。其后，买臣独行歌道中，负薪墓间。故妻与夫家俱上冢，见买臣饥寒，呼饭饮之。

以上这段记载未能说明朱买臣前妻嫌贫爱富、耐不住清苦生活，相反，倒有"夫唱妇随"的情节，只是前妻觉得若爱好读书，以求功名，但宜适当"低调"，不要在大众面前大声读书，像个疯子，在规劝无效的情况下，才请求朱买臣写下休书，毅然离去。更为可贵的是，朱买臣的前妻在另嫁木匠后，生活得到适当保证，一天在上坟时,见到朱买臣饥寒,施以饭食。

关于《汉书·朱买臣传》,还有如下记载:

> 后数岁,买臣随上计吏为卒,将重车至长安,诣阙上书,书久不报。待诏公车,粮用乏,上计吏卒更乞匄之。会邑子严助贵幸,荐买臣,召见,说《春秋》,言《楚词》,帝甚说之,拜买臣为中大夫,与严助俱侍中。是时,方筑朔方,公孙弘谏,以为罢敝中国。上使买臣难诎弘,语在《弘传》。后买臣坐事免,久之,召待诏。
>
> 是时,东越数反复,买臣因言:"故东越王居保泉山,一人守险,千人不得上。今闻东越王更徙处南行,去泉山五百里,居大泽中。今发兵浮海,直指泉山,陈舟列兵,席卷南行,可破灭也。"上拜买臣会稽太守。上谓买臣曰:"富贵不归故乡,如衣锦夜行,今子何如?"买臣顿首辞谢。诏买臣到郡,治楼船,备粮食、水战具,须诏书到,军与俱进。

从以上续文可知,朱买臣后来发迹了,是由于随着乡贤严贵的货车一起到京城时,被举荐于汉帝而得到召见,在谈话中接触到"东越叛乱"这一话题时,符合皇帝的心意,才被委任为会稽太守。而且在平叛中立了大功,终至富贵。

上述所列故事与历史记载对照可知,从家风角度讲,大致可得出下列几点感悟:

其一,朱买臣的家风,应是不错的:能苦读等待时机;"创造性"地采用在街上大声读书这一形式,以求引起人们的注意,得到贵人的推荐。因为在汉朝尚未有科考的形式。

其二,朱买臣的前妻不理解他的苦心,认为读书管读书,何必在街道上大声朗读,有点招摇过市的味道,产生苦恼,从而要求休掉她。

其三,所谓"马前泼水"的情节,系说书先生生造出来的情节。从戏剧或连环画等文学作品来说,为了生动,加以补充,也是可以理解的。

其四,就汉朝推行三纲五常的角度讲,朱买臣和前妻组建的家庭并不存在嫌贫爱富,相反却有夫唱妇随的情节,有好家风。

其五,朱买臣爱读书是不是家学渊源、家庭传承呢?史籍无载,根据有几分证据说几分话的原则,应该留下一片空白。不过,如果没有家庭传承,朱买臣会那么爱读书吗?一个靠砍柴度日的人能知道读书的好处吗?

以上为西汉时期穷书生家的家风,有一定代表性,对反映社会生产力低下的现状亦有连带的作用。宋代徐钧有诗述其事:

长歌负担久栖栖,一旦高车守会稽。
衣锦还乡成底事,只将富遗耀前妻。

(四)从"王杖诏书令"谈汉朝孝道

汉文帝刘恒是汉朝第三代皇帝(不包括吕后专权期间),在位二十三年,对倡导于西周、推行于春秋的孝悌之道执行得最为得力,而且延伸到普遍意义的敬老,具体是颁布"王杖诏书令",从法令上保障年长者的权益和地位。

年长意味着什么?意味着他们没用了?拖累家庭,形象不好,极端的子女会嫌弃父母,乃至会打骂自己的父母。他们忘了这个家是年长者所创立的,是自己的父母养育其成人。就社会来说,是老一辈人付出的劳动才有今天的日子。这是因人性有私或恶的一面。为了改变这类忘恩负义的局面,才有了"王杖诏书令"的颁布，从法律上保障老年人的权益，改善家庭秩序显示社会文明的进步。

什么是王杖制度呢？就是以皇帝的名义赐给老年人一支手杖，也可以说是一种"权益"。因为凭着这支王杖，可以享受到多方面的权益乃至权力。主要内容有如下五个方面：

（1）"年七十以上，人所尊敬也，非首杀伤人，毋告劾也、毋所坐"，即一般不起诉、不判刑。这条是关于老年人的犯罪问题，给予老年人的法律优待。笔者理解，这条律令，不是指年七十以上者在社会上伤人、首杀，而是指家庭内不孝之人。

（2）"年六十以上"、无子女的鳏、寡老人，如果经商，免除一切捐税。如社会上有愿意领养孤寡老人的，对这些家庭要给以物质帮助。

（3）对孤儿、无子女的盲人、侏儒等不同于常人的，"吏毋得擅征召，狱讼毋得殴"，即不得派徭役，也不得抓捕、关押，在法律上给予保护。

（4）对于"夫妻俱毋子男"的独寡家庭，种田、经商不收赋税，同时还允许经营特种行业，如在市场卖酒。

（5）给年七十以上者赐王杖。杖长九尺，杖头以鸠鸟装饰。鸠杖与朝廷使用的符节一样，是一种优待凭证和地位标志。持鸠杖的老者，可"出入官府节第，行驰道中"；经商不收税；其地位待遇与"六百石"官吏（郡丞、小县县长）相同，"入官府不趋，吏民有敢殴辱者，逆不道，弃市"。

从以上王杖享有的权益可知，在汉朝对老年人的尊重和保护。就家庭秩序来说，也就是子女必须尽孝，用今天的话语来说，类似于"家有一宝"，而不是家庭的负担。为此可以这样说，颁布"王杖诏书令"，是从法律上保障长者在家庭中享受较高的权益和地位。从家庭良序讲，体现了"父父子子"。

（五）从范滂从容就义谈东汉家风

　　历史的发展，时间的推进，随着西汉时期推行"三纲五常"伦理观念的深化，家庭和社会风气向着正面导向推进。至东汉时，出了一个名士范滂。此公有才气，更有骨气，是正义感很强的士人之一。最能反映范滂有骨气、有好家风的是：他的母亲亦深明大义，疾恶如仇，在为国家利益面前，有勇于担当、视死如归的勇气。

　　范滂（137—169），字孟博，汝南征羌（治今河南漯河东南）人。在家庭氛围的熏陶及教育有方下，范滂从小就胸怀大志，严格要求自己，有高洁的节操、良好的修养，受到州郡和乡人的钦佩，被推举为孝廉。

　　当时，冀州发生饥荒，可官吏仍巧取豪夺，不恤民情，致盗贼群起，民不聊生。这时朝廷任命范滂为清诏使，前往冀州巡视查办。反贪治腐是块烫手山芋，范滂知难而进，慨然从命。

　　范滂到灾区冀州巡查时，当地的太守和县令自知贪污受贿、鱼肉百姓的罪恶即将暴露，拘押受审、入狱伏法的命运必将临头，纷纷解下官印、脱下官袍，落荒而逃。范滂到灾区后，全力查办，"大老虎""小苍蝇"纷纷落马，百姓称快。

　　东汉中叶以后，士大夫、贵族、太学生因不满宦官专权乱政，结成朋党，与宦官展开激烈的斗争。前后共两次，结果是党人遭到禁锢和捕杀。

　　第一次党锢之祸发生在汉桓帝时。当时，宦官把持朝政，皇帝形同傀儡。宦官大肆搜刮民脂民膏，同时把持官吏选拔大权，滥用亲信，打压才俊，致使政治黑暗、民怨鼎沸、社会动荡。公元 166 年，以李膺、陈蕃为代表的朝臣和以郭泰、贾彪为首领的太学生联合猛烈抨击宦官乱政。操纵汉桓帝的宦官矫诏以"共为部党，诽讪朝廷"的罪名，将李膺等两百多名"党人"关进监牢。

范滂作为清流官员，理所当然地加入"党人"，而且，以他鬼神不惧、超然脱俗的个性，自然而然地充当核心和中坚，因此，入狱在所难免。当狱吏对他说"凡是获罪入狱的犯人，都要祭拜皋陶"时，他凛然回答："皋陶是古代正直的大臣，如果我没有罪，他一定代我向天帝申诉；如果我真的犯了罪，理当伏法，祭祀他又有什么裨益？"

朝廷对这次党争的处理还算"人性化"，没有将"党人"处以极刑。第二年 6 月，汉桓帝大赦，释放了"党人"，但是，将他们的名字造册登记，分送"三府"，终身不许做官。

第二次"党锢之祸"发生在公元 168 年，时汉灵帝即位，大将军窦武当政。窦武起用"党人"，并与太傅陈蕃合谋诛灭宦官。但事情泄密，窦武、陈蕃、李膺、杜密等被害。大批"党人"被捕，被囚监、流放、杀戮者六七百人。

当时，范滂正在远离京城的家中。督邮吴导奉命到确山抓捕范滂。吴导不忍心，在驿舍，他关闭房门，手捧诏书，伏床大哭。范滂得到消息，说："吴督邮大哭，一定是因为我啊！"于是，他立即赶到县衙自首。

县令郭辑见到范滂，大吃一惊，赶忙拿出官印说："天下这么大，何必留在此？"说着，郭辑就拉范滂一起逃走。范滂说："我死了，灾祸也就平息了，怎么敢连累您？又怎能让我的老母亲流离他乡呢？"郭辑见范滂决心已定，只好将他的母亲和儿子请来与他相见。范滂对母亲说："我要走了，弟弟孝顺，赡养您老没有问题。只是希望您老不要悲伤！"不曾想母亲更加刚烈，她对范滂说："你现在和李膺、杜密二位名士齐名，死了又有什么遗憾？有了美好的名声，又要求得长寿，这样的好事哪能同时得到啊！"范滂赶忙跪下，接受母亲的教诲，再三拜谢，又回过头来对儿子说："你爹从未作恶，却落得如此下场。这世道，天理难容啊！"听了他的话，在场的人和路过的人无不泪如雨下，心疼难舍。

最后，范滂拜别亲友，从容地与吴督邮赶赴京师。不久，范滂死在狱中，年仅33岁。

（六）汉朝家风综说

以上五节文字讲了四个家庭，大体可知汉代家庭以树立"三纲五常"和突出孝文化为显著特色。尤其是范滂的家庭，传承着忠孝节义、凛凛正气，为民请命不惜生命，当年虽未出现"好家风"一词，但其嘉行懿举是好家风的体现，当是毫无疑问之事。

在上面笔者讲的大多是中上层家庭的家风。总的说，由于推行"三纲五常"及独立的孝文化，对家庭秩序的改善和巩固，有很大的好处，对树立好家风、出现好家风，是一种必然趋向。不过，当时中国还是农业社会，农民家庭占绝大多数。他们的家风是什么面貌呢？史籍无载，根据汉朝推行"三纲五常"的政治导向，推测情况如下：

1. 由于广大农村几乎是文盲，广大农民的生活水平处于温饱线以下，一般来说大多数农民家庭，家庭风气以勤俭节约、和平安定为主。

2. 推行"三纲五常"伦理政策导向，很符合小农思想，为此，他们相对积极接受儒家思想。

3. 民间信仰以家庭为单元，从自然崇拜转向偶像崇拜，据《中国家庭史》记载，民间出现崇拜大禹治水功绩等现象。

4. 由于皇帝尊重孝行，孝道开始在全国范围内盛行。

5. "三纲五常"对后世影响很大。

【引言】

民间有一句俗语:"天下大势,分久必合,合久必分。"就唐朝三百多年的历史来看,印证了民间俗语有一定的道理——它承袭了汉朝末年之乱,经历魏晋、十六国及南北朝,是从分到合。它的后期,由于朝政的腐败,终至再次走向灭亡之途——从合到分,有了五代十国的局面。

就整个唐朝来说,它的特征是:帝位之争十分突出。前有"玄武门之变,中有武则天的大周朝的穿插,后有安禄山之乱和马嵬坡之变。一句话,在治与乱的交替中,逐渐消耗了国力,失去了民心,终至走向分裂和灭亡。

从社会大环境下看唐朝的家庭,则是魏晋南北朝时期仕族大家族的残余——仍有一些大家庭的存在,如五世及以上同居共财者家庭,但主体仍然以五口之家为多数。而就家风而言,所谓的帝王之家的家风,实际却是争权夺利;对社会的影响并不大,相反,在儒家思想的影响下,忠君与爱国仍是大多数唐型家庭的主流。一些读书人家庭开始较普遍制订家规、家范、家诫、家训等方面的行动。

第2节:唐代家风简说

要说唐朝的家风,先说唐朝的概况。唐代是中古士族社会由盛而衰的关键时期,魏晋南北朝以来,士族名门的家族和家庭,其家风、家训和家法对新旧士族的兴衰有着重要的意义。唐朝宰相崔祐甫云:"能君之德,靖人于教化,教化之兴,始于家庭,延于邦国,事之体大。"显然,这里所说的传统社会的家庭教化,指向家训、家范、家规、家诫和家法,之后才逐渐形成家风。每个家庭的家风，不仅关乎家庭之兴衰和家庭成员的发展，也影响社会风气、国家治理等方面。

陈寅恪先生认为：所谓士族"实以家学及礼法等标异于其他诸姓"；"士族之特点既在其门风之优美，不同于凡庶，而优美之门风实基于学业之因袭"（陈寅恪《唐代政治史述论稿》）。魏晋隋唐时期，士族之家普遍重视家风、家训、礼法和家法，注重传承家学以教育子弟，逐步形成所谓"雅有家风，政事规为"的名门士族（《授大理卿李峒黔中宣慰使制》）。"家法备，然后可以言养人"（《新唐书·柳公绰传》），成为社会共识。颜之推在开皇末作《颜氏家训》，开启世家大族重视编撰家训的风气。唐代士人编撰家训的风气很盛，如王方庆作《王氏训诫》，柳玭作《戒子孙》等，唐太宗作《帝范》也可视作帝王之家的家训。下为《帝范》中的第一章《君体第一》：

> 夫人者国之先，国者君之本。人主之体，如山岳焉，高峻而不动；如日月焉，贞明而普照。兆庶之所瞻仰，天下之所归往。宽大其志，足以兼包；平正其心足以制断。非威德无以致远，非慈厚无以怀人。抚九族以仁，接大臣以礼。奉先思孝，处位思恭。倾己勤劳，以行德义，此乃君之体也。

这篇《君体第一》虽说是写帝王之家的家训，但通篇是对端正家风的一种告诫。在"朕即天下"的古代，更是以德行治天下的一种教诲，但实际的"帝范"是什么呢？对于普通百姓而言，无异于一句空话。

（一）魏徵直言背后的家风

一般来说，能被历史记载的名人家庭，具有典型性的精神财富，其特点是：好得出奇，或坏得让人咒骂，又以好得出奇者被记载的为多。他们的好，亦各有侧重，试举数例如下：

"忠厚传家久，诗书继世长"是一副极为古老的对联，也许是它太司空见惯了，人们往往把它看成吉祥话，对其中的道理不再深思。近读有关魏徵的史料，重新想起这句话。

作为一名谏臣，魏徵一生也算很风光了。他从谏议大夫、秘书监、侍中，一直到封为郑国公，备受唐太宗的赏识。可是他一直过着俭朴的生活，在快死的时候，住的宅院没有正堂，还需要唐太宗援助建筑材料，赏赐布被和素色的褥子。魏徵下葬时，唐太宗"命百官九品以上者皆赴丧，给羽葆鼓吹，陪葬昭陵"。其妻裴氏曰："徵平生俭素，今葬以一品羽仪，非亡者之志。"悉辞不受，以布车载柩而葬。"可见，魏徵的妻子裴氏同样是一个非常懂得分寸的人，对名利看得很淡、很透，对自己的要求很严格。

从魏徵淡泊名利、超脱物欲方面来看，他教育子女也不会偏离其处世准则，也即传承"俭以养德"的家风。从上述魏徵妻裴氏婉拒厚葬可看出一二。

从史书中我们还知道，魏徵的玄孙魏稠很贫穷，把家里祖传的老房子抵押出去。平卢节度使李师道想自己出钱赎回来，白居易说："这种善事须由朝廷出面，希望有关部门拿官钱赎回还给后代。"唐宪宗皇上听从了这个建议，从内库拿出二千缗赎回房子赐给魏稠，禁止他私自出售。这段故事说明魏徵的玄孙一代还过着清贫的生活。

到唐文宗时，李孝本的两个女儿被右军收纳，皇上把他们纳入后宫，魏徵的五世孙、时任右拾遗的魏谟上疏说："陛下不近声色，经常把宫女放出去配鳏夫，可是最近我听说教坊里不停选拔宫女，又把李孝本的两个女儿纳入后宫，臣觉得很遗憾。当年汉光武帝看了一眼列女屏风，大臣宋弘正色抗言，光武帝听了，命令立刻撤走。陛下岂能不思宋弘之言而甘居光武帝之下？"皇上立刻把孝本的女儿送出后宫，提拔魏谟为补阙，还厚赏了他。

唐宣宗时，魏谟被任命为宰相，兼管户部。这时皇产，皇帝年纪很大了，还没有立太子，群臣都不敢提这事。"谟入谢，因言：'今海内无事，惟未建储副，使正人辅民，臣窃以为忧。'且泣。时人重之。"后来魏谟以宰相之职充西川节度使。"谟为相，议事于上前，他相或委曲规讽，谟独正言无所避。上每叹曰：'谟绰有祖风，我心重之。'然竟以刚直为令狐绹所忌而出之。"

魏谟的身上确有魏徵的遗风，即家风，虽然他最后被罢相，但他的人格是成功的，他的精神是高大的。

孟子说："君子之泽，五世而斩"。民间则有"富不过三代"的说法，都是讲家族富贵的不可延续性，所谓"旧时王谢堂前燕，飞入寻常百姓家"。鲁迅从遗传学的角度说过这样的话：历史又偏偏不争气，汉高祖的父亲并非皇帝，李白的儿子也不是诗人。不只如此，还有很多名人的后代都不怎么出息，甚至成了人渣，龚自珍的儿子龚橙是引领英法联军火烧圆明园的罪魁祸首之一。与此对比，魏徵的家风怎么称道都不过分。这其中没有多少高深的道理，只有"忠厚传家久，诗书继世长"这样的常识而已。可是人就是这么奇怪，越是常识的东西越容易忽略。现代很多人拼命给后代攒钱，留豪宅豪车，就是不知道最好的传家宝是忠厚、智慧、俭朴这些精神层面的东西，所以世人多富少贵，很多有名望的家族中走出的只是大款，而不是贵族。所以说家风不是小事。

（二）从韩皋敬笏谈韩休忠直刚正家风

韩皋是著名宰相韩休的孙子、大臣韩滉的儿子，长得很像他的父亲韩滉。自从父亲过世以后，因为思念父亲，他就不再照镜子了。他天性很厚道，有宰相的气度。

韩皋成人后，做到了户部尚书那样的大官。因为家里三代都是大官，所以从祖父的时候起就传下来一块朝见皇帝时拿着的手板，一般叫笏。这块手板从他祖父那传给他父亲，再传到他手里。他对待这块手板非常敬重，从来没有让仆人动过。每天上完朝后回到家中，一定要亲自把这块手板放到卧室里。第二天上朝时，他再亲自去取出来。他就是这样谨慎地对待这块手板，因为在他心里没有一刻忘记长辈的教诲。而这块手板就是祖父、父亲两代人生命的写照、嘱咐的体现，他正是在传承着祖辈的高风亮节，时刻都不敢亏失。

那么韩休是怎么得到后人敬重并传承好家风的呢？

韩休，长安人，生活在武则天、唐玄宗执政的时期。曾于玄宗朝拜相。韩休的祖上并不显赫，但忠直刚正之家风却是一贯的。

韩休以工文辞、举贤良而走上仕途，任虢州刺史时，敢于为民请命，不怕得罪宰相张说。虢于东、西京为近州，乘舆所至，常税厩刍，休请均赋他郡。中书令张说曰："免虢而与它州，此守臣之私惠耳！"休复执论，吏白恐忤宰相意。休曰：刺史幸知民之敝而不救，岂为政哉。虽得罪，所甘心焉。

这段对话反映出执政为民的思想。虽说作为宰相的张说，驳回韩休的均税请求有他的道理，但是韩休从减轻本州负担出发，与宰相张说力争，不怕得罪上司，显示的是刚正秉性。可见韩休继承了家族忠正刚直的家风。

另有一事更可窥见韩休家庭忠直刚正之家风。

韩休为相时，唐玄宗很顾虑韩休的直言式的"批评"。帝尝猎苑中，或大张乐，稍过差，必视左右曰："韩休知否？"已而疏辄至。尝引鉴，默不乐，左右曰："自韩休入朝，陛下无一日欢，何自戚戚，不逐去之？"帝曰："吾虽瘠，天下肥矣。且萧嵩每启事，必顺旨，我退而思天下，不安寝。韩休敷陈治道，多讦直，我退而思天下，寝必安。吾用休，社稷计耳。"

这段话的意思很明白，韩休的忠直刚正的秉性来自他的好家风。同时反映出唐玄宗有纳谏的风度。

韩休的家风，并不止他这一代，而是延伸到下一代乃至之后多代。张国刚《中国家庭史》云："韩休有七子，在其父的言传身教下，'皆有学尚'，且能传家风。"

（三）杜暹廉洁孝友家风

杜暹（678—740），唐玄宗朝宰相。濮州濮阳（今河南濮阳）人。从小时起生活在五世同居的大家庭中。其父亲在武则天朝时为监察御史。在清廉家教影响下，继承了孝友的家风。最能反映问题的是善待继母、友悌兄弟，使大家庭处在和顺的环境中。且举以下数例可看出其家风：

1. 将儿子取名为孝友，以明传承家风之志。

为孩子取名，往往包含着父母对子女的期望。一般文化人的家庭，大多取得比较文雅，以显示个性、与众不同。但杜暹却不同，直接为儿子取名为"孝友"，即杜孝友。目的是让儿子长大后永远记住上要孝敬父母及其他长辈，中要与兄弟姐妹和睦相处，使杜家这个大家庭永远具有温度，永远处在和顺的环境中。至于对子女的爱，当属必然。也即让儿子以"孝友"作为家风代代传承下去。

杜暹的孝友，还反映在善待继母并善待异母弟杜昱；对异母弟视同亲兄弟。赢得乡里的称赞。《旧唐书》有以下记载：自高祖至暹，五代同居，暹尤恭谨，事继母以孝闻。"

2. 婉拒亲友的礼物，显示清白情怀。

杜暹虽不擅长文学，但为官清白，十分注意自律，具体表现得有点不近人情。一般来说，亲戚朋友间有红白喜事，相互送个礼物或礼金，是很普通的事。只要注意适度，应该不是坏事。但是杜暹在收受"人情"这个问题上，十分严谨，一律拒绝。他不但自己不收礼物或礼金，而且教育子女，也要遵循这一原则。在他的教育和影响下，其子杜孝友亦能传承这一优良的家风。《旧唐书》对此作了肯定。

3. 因公事通融，埋金以示清白。

开元四年，安西副都护与西突厥可汗史献等不和。朝廷派时任监察御史的杜暹查清此事。杜暹到达碛西后，藩人的首领送给他一大包黄金，他坚持不收。他身边的官员说，你远道而来，尚不了解边境地区少数民族的心态和礼仪，不接受反而驳了藩人的情面，有些事反而难办。杜暹不得已，只好暂时接受，将它埋在自己所住帐幕下面，做上记号。事情办完，杜暹出境以后，派人通知藩人到帐幕下挖取。藩人大惊，取出黄金，派快骑越过沙漠要送给他，没有赶上才作罢。由于敬佩杜暹清正廉洁、办事慎重，安西地区的人民自觉遵守大唐律令，边境地区得以安宁。杜暹在安西工作四年，深受当地人民的爱戴，唐玄宗称赞他"清廉耿直，勤奋能干"。

（四）柳公绰礼法教育与仁孝家风

柳公绰（765—832）是唐代著名书法家柳公权的兄长，华原

（今陕西铜川市耀州区）人。柳公绰的祖父名正礼，为汾州士曹参军，父亲子温，官至丹州刺史。柳公绰幼年聪明异常，从小受到较为正规且严格的礼法教育，对子女的教育亦抓得很紧。

柳公绰的家风，主要反映在三方面：

一是严格遵循礼法教育。守礼如常。以仁为乐。《中国家庭史》称其为："长期资助孤幼，结交皆正派之人。"他是一位正人君子兼慈善家。

二是做文章典雅而规范，其书法端肃浑厚，古朴自然，今有碑刻《蜀丞相诸葛武侯祠碑》传世。柳公绰喜藏书，家有藏书万余卷，与其子柳仲郢继承并发展了柳氏藏书传统。《全唐诗》《全唐文》收录有其诗文作品。

三是尊亲至孝。一般所说的孝顺，主要指对亲生父母的孝顺。但柳公绰却例外。柳公绰的生母早逝，其父续娶薛氏，柳公绰根据礼法教育的精义，待之如亲母。一些不知内情的友人，往往认为薛氏就是柳公绰的生母。他的至孝反映在以下一些细节：

1. 丁母丧，三年不沐浴。柳公绰外任湖南时，因当地潮湿，柳公绰不能从京城将继母薛氏迎养至当地，就向朝廷要求将自己调往洛阳，以方便迎养。对继母薛氏的亲属的待遇，比自己的亲戚还好些。

2. 重视家庭内部的礼法教育。柳公绰生活在一个大家庭之中，对其弟柳公权的教育亦相当重视。

3. 重视下一代的礼法和家风教育。子仲郢，元和十三年（818）进士，历任监察御史、户部侍郎、山南西道节度使等职，官至刑部尚书。柳仲郢能够继承家族家庭重视礼法之风，以礼法持家，以孝义事亲，以仁为政，不为时势党争所动摇。甚得当时之盛誉。这在中晚唐党争十分激烈的背景下尤其难得。也是礼法教育下好家风的反映。

（五）从张公艺九世同居谈唐型家庭

在本节文字的引言中，笔者谈到学界有汉型家庭、唐型家庭之说，虽未被广泛认同，但此说不胫而走。那么什么是唐型家庭呢？这就和政策的制定有关。

一般来说，汉型家庭承袭秦制并有所改进，但总体以主干家庭、核心家庭为政策导向。在家庭代递传承时，子女中有多兄弟者，具体反映在主张"生分"上，即父辈在世时，实现兄弟分家析产，其文化是传承秦制的小家庭模式，好处是：避免父母故世后产生分家析产大分歧。为此，汉朝的家庭规模都不大。据《中国家庭史》的资料，一般在三五口之间。

但是唐代不鼓励父母在世时分家析产，带来的结果是：容易产生三代以上同居的大家庭模式。从社会学的角度考察问题，产生了亲情凝聚力，大家庭的增多对社会影响增大，最有代表性的为张公艺一家的九世同居，为唐代大家庭的代表。

张公艺，郓州寿张（今台前县孙口镇）人，生于577年（北齐承光二年），卒于676年（唐仪凤元年），经历北齐、北周、隋、唐，享年九十九岁。

《旧唐书》卷一百八十八列传第一百三十八记载："郓州寿张人张公艺，九代同居。北齐时，东安王高永乐诣宅慰抚旌表焉。隋开皇中，大使、邵阳公梁子恭亦亲慰抚，重表其门。贞观中，特敕吏加旌表。

唐高宗乾封元年（666）初春，唐高宗李治与皇后武氏一同去泰山行封禅大礼，路过郓州（今山东菏泽一带）时，地方官前来迎驾。皇帝问起当地民情风俗，牧守禀告说："这里有户姓张的人家，祖孙父子叔侄兄弟同居，已历九世，北齐时，东安王高永乐亲赴其宅旌表。隋朝时，文帝又特命邵阳公梁子恭为使节，到张家慰问并重表其门。本朝贞观中，先皇（即唐太宗）也专门敕派地方官府再加旌表。"高宗听禀后，心有触动。他贵为天子，可家里的父子兄弟关系，却弄得十分紧张。高宗决定亲自去取经。张公艺得知后，率领合家老小几百口迎拜圣上。高宗见到的家长，是个扶杖的九旬老翁。高宗赐他坐下后，开口便请教，一大家子挤在一块过日子而相安无事的诀窍。老翁让人递上纸笔，写了一百多个"忍"字。高宗感慨无比，竟激动得流下了泪水，遂赐以缣帛。

后人据此史实，绘成九只鹌鹑嬉于几丛菊花间的图画，以"鹌"谐"安"，以"菊"谐"居"，九数寓九世之意，图名就称《九世同居》，用作合家团聚、同堂和睦的祝愿。也有画一只鹌鹑栖于山石菊花旁，地上有一些落叶，以落叶谐音"乐业"，寓意"安居乐业"。

张氏家训九世同居，和睦乐业，其家训很别致，以《百忍歌》的形式对子孙进行教育。以下为开头六句：

忍是大人之气量，忍是君子之根本；
能忍夏不热，能忍冬不冷；
能忍贫亦乐，能忍寿亦永；
能忍贫亦乐，能忍寿亦永；
贵不忍则倾，富不忍则损。

【引言】

宋朝被许多人认为是中国最合适生存的朝代，具体说就是：政治相对宽松，朝廷关心民间疾苦，很少有文字狱之类的灾祸，除北宋末年金兵南侵外，战祸少。就经济发展来说，亦是历朝历代的高峰。据有关资料统计，宋朝的经济规模，是当时全世界的五分之一，这应该是一份很好的历史答卷。

为什么宋朝被国人认可为最适合生存的朝代呢？笔者认为有下列几点：其一，对外未进行扩张性的战争，对边患、游牧民族侵略等，采取防守的策略，这也和宋朝的立国之策略有关——由文官监统军队；其二，由于对外采取防守，军费开支相对较小，人民的负担就低，利于发展生产和改善生活；其三，由于宋朝提倡仁慈，采取宽政，社会风气相对良好，社会相对安宁。当然不安宁的因素也是有的，如北宋末期，由于宋徽宗贪图享乐，施行的花石纲。

当然宋朝亦有过"王安石变法"的所谓"新政"的折腾，但这个时间段的失败，不能全怪罪于王安石，因为他对人性之私的研究不够，对下级官吏多有私心的认识不足。

第3节：宋朝家风举要

从有家庭形制以来，它的进步和发展应该是缓慢的。从夏、商、周三朝有家庭雏形起，历秦汉，至隋唐，到了宋朝时，总的说家庭建制已经很完善了。宋朝提倡家风建设总趋向为仁厚、节俭。但是我们不能忽略在宋朝时有一个关于家庭建设的比较显著的变化，即强化血缘关系对家庭的定位，具体的标志是：隋唐以前，一般家庭的人口统计不排斥非血缘人口，从宋朝开始，非血缘人口不纳入统计家庭人口的范围。那么在家庭中排斥非血缘人口，即奴婢等不列入家庭人口中，对家风会产生何种影响呢？坚决认同家庭血缘关系可能对家风传承很有利，对加强家风建设有正面作用。

（一）宋型家庭略说

中国的封建社会时期特别长，其原因应该和孔儒思想一贯制的"道统"有关。不过，尽管封建社会形态时期很长，每个大朝代的家庭大体相同，但从细微处考察，应该也有所区别。那么宋型家庭和前朝相比，有哪些不同和哪些特色呢？

1. 与唐型家庭比较，虽说同样以主干型家庭为多，但每个家庭的家长的身份不同，宋朝时以壮年作为一家一长为主，也就是说，同样是一家三代，唐型家庭主要是以高辈份作为家长，而宋型家庭则主要以管理能力的强弱来决定。这应该是进步的反映。

2. 儒学作为"道统"，自秦汉以来，变化很小，而到了宋朝，特别是进入南宋后，由于融入了二程和朱熹理学，产生了新儒学，使儒学更符合社会伦理。

3. 家庭规模方面，仍然以五口三代之家为多数，但总体上略显减少，其原因是：在唐朝时法律对分家作了一些限制，《唐律疏议》对父母在世时不得分家进行"徒三年"的限制，而宋朝未作明文规定，即对"生分"采取默认的态度。

4. 唐朝与宋朝相比，宋朝社会相对安定，社会安定就是家庭稳定，生产力也相对提高。因此宋朝的经济有较快的发展。

5. 宋朝以文化人统领军队，一般各级文官均担任各级军队的正职，虽说能避免"黄袍加身"之类的不测，但会导致削弱军队的战斗力。这是宋朝建国之初立下的规矩导致的必然结果。

6. 从家国同构认识问题，宋朝多奉行仁政，因此民间崇尚读书的风气较盛。国家出了许多贤臣良相、理学大师，在文化方面贡献卓著，如司马光的《资治通鉴》、程朱的理学。同理，家庭规范、家风纯正方面，亦堪称道。

7. 开启《家范》《家规》《家诫》的新时期。"家范"是规范家庭内部秩序的一种文本，虽早在唐代就有《帝范》的示范性和众多名士制订《家训》，但相对普及到民间的却是宋朝。

8. 隋唐以来，士族大姓的势力开始衰落，庶人阶层通过科举考试进入仕途的门户已经打开。布衣阶层有了晋升上层的机会，以宋朝为最好。

那么宋型家庭在家风问题上有些什么呢？试从节俭与勤奋、刚正与和谐、家祭与孝亲、名节与门风等四个方面粗略地谈谈宋朝的家风。

（二）从司马光编史谈家风

在民间，北宋时的司马光，以一则"砸缸救人"的故事几乎家喻户晓；而在学界，司马光却以他编撰的历史著作《资治通鉴》闻名于世。"砸缸救人"显示的是司马光年少时的聪明；《资治通鉴》却是十几年心血的结晶。所有这一切，都和他具有优良的家庭环境和良好的家风有关。

据《宋史·司马光传》载："司马光，字君实。陕州夏县人也。父池，天章阁待制。光生七岁，凛然如成人，闻讲《左氏春秋》，爱之，退为家人讲，即了其大旨。自是手不释书，至不知饥渴寒暑。群儿戏于庭，一儿登瓮，足跌没水中，众皆弃去，光持石击瓮破之，水迸，儿得活。其后京、洛间画以为图。仁宗宝元初，中进士甲科。年甫冠，性不喜华靡，闻喜宴独不戴花，同列语之曰：'君赐不可违。'乃簪一枝。"

　　以上所引，主要反映司马光的节俭与勤学。再看以下：

　　枕头，家居之物，极为常见，睡觉休息用。而在北宋司马光看来，枕头还有另一功能，那就是提醒他：喂，已经睡得差不多了，快起来读书、学习！要达到多读书这个目的，司马光的枕头当然与现代人的枕头不同。他的枕头是用一段圆木做成的，名为"警枕"。试想一下，这个圆滚滚、硬邦邦的枕头，靠上去应该不怎么舒服，所以只有疲惫到了极点才能勉强入睡。睡了一会儿，翻身之时，又会因为那圆滚滚的外形，让头颈落下来，从而醒来学习。

　　司马光用这种方法来逼迫自己苦学，可谓对自己很狠。而这种习惯，其实也并非他自己的主张，那是家风使然。司马光的家世很是传奇。其先祖司马孚，是司马懿之弟，也是一位以学问著称的学者，司马家好学之风早在三国时代就已经养成了。古代讲究学而优则仕，所以司马家历代不仅多出读书人，也多出官员，且多是大官。

　　当然不是靠钱财买官，司马家的人靠的都是家学，司马光的爷爷司马炫是北宋第一批进士。司马炫去世得早，但留下了许多财产，刚刚成年的司马池，也就是司马光的父亲，面对这一大堆财产，做出了一个出人意料的举动——全部分给族人。因为他的追求根本就不在于钱财，而在于学问，抱着一大堆钱财，不仅要操心如何打理，还要应付来自他人的红眼之光，如何能专心读书？

　　博学多识的司马池，在为官之后，也因为好学收到了远比钱财宝贵的回报，在政务上更是多有惊人之举。如当时朝廷修建宫殿，向司马池所在的地区征调竹子，但这一地区并不产竹子，可见朝廷方面负责此事的官员，是一个不学无术之徒。就在其他官员不知道怎么办才好时，司马池却想出了对策。他依靠自己的博学，知道临近某地生产竹子，便一面向朝廷请求宽限日期，一面命人去大量购买，然后直接转运到京城，第一个完成了任务，因此他受到了朝廷的重视。司马池在中央担任一些重要职务时，都有十分出色的政绩。

在父亲精心教导之下成长起来的司马光，确实不负父望。他在步入仕途之后，不追求功名利禄与荣华富贵，始终致力于治国理政与研究学问。他的俸禄收入并不少，朝廷还赐予他很多田地，但他一直布衣粗食，拿多余的钱财周济穷人。他所好就是读书、藏书，他有藏书数千册，可称天下首"富"。

与先辈一样，司马光不仅自己极为好学，也将这种家风向下辈传承。他的儿子在看书时，就曾因为动作粗鲁被他一顿教训，并告诫道：对于商人而言，钱是根本，要重视；对于读书人而言，书是根本，要爱惜。因此，司马光的后代子孙多以好学闻名。从司马光家有好学家风，体现的是节俭与勤奋的精神。

（三）从"陆游与唐琬爱情悲剧"谈家风

陆游家的家风应该是很好的，母慈子孝，家庭和睦，读书求上进，忠君又爱国，可谓忠孝双全。只是在有些小事上有些小问题，大家都知道的是陆游与唐琬的爱情悲剧。

陆家和唐家都是南宋时的仕宦之家，两人是姑表亲关系。由于是近亲，两家相互串门、走动是常事。陆游与唐琬正处于青春期，郎才女貌，自然而然产生爱情。在当时，陆游母亲也很中意唐琬。就这样，经过媒妁之言，两人结为夫妻，两家亲上加亲。

家庭中的关系，最难处的是：婆媳关系，陆家亦不能例外。陆游与唐琬成婚后，夫妻恩爱，如胶如漆，形影不离，这就引起陆母的不安。因为陆游对母亲的感情几乎全部转移成对唐琬的爱。

人都有私心，陆游母子间的爱被陆游夫妻间的爱夺走了，就引起陆母的怨恨，日积月累这种怨恨越积越深，陆母心里很痛苦，产生让陆游离婚另娶的念头。因为只有这样，心里才能消除些怨恨。何况有个现成的借口：唐琬未生育子女。有人认为这是逐媳的另一个原因。

但是事实恐怕很难解释。在封建社会，如果为了子嗣，完全可以采取纳妾的方法来解决。何况如果真的是为了子嗣问题，陆游和唐琬不可能反对。就这样，陆游只好尊重母亲之命，休掉了唐琬。

陆游与唐琬虽说被迫离婚，是一出爱情悲剧，但从家风角度看问题，应该说，陆游家的家风是符合封建道统精神的，是孝道的一种体现。

（四）从朱淑真投水谈家风

家风有好亦有坏，更有不同时代不同评判标准。以南宋著名女词人朱淑真为例，就是明证。生命与名节、门风孰为重要？

杭州上城区有条保康巷，是一条有历史文化的小巷，1984年的一个大晴天，笔者去小巷5号探望朋友应崇恭。迎面碰上一老一少两个男人。小巷很静（只5户人家），那位50岁左右的男人拦住我问："这里可是保康巷？"

我答："是啊。你们找哪家？"

这位50左右的男人叫陈洁行，我在电视上见过。他又说："我们在做文物普查，这里可是南宋女诗人朱淑真的故居啊，要保护……"

我在5号前敲了门，无人应，大致应崇恭已外出，我就推着自行车回转，在巷口再次与他俩碰上。我禁不住说了句："朱淑真不住这里！"

当我跨上自行车时，听到陈洁行在对年轻人说："怎么不是呢！《武林旧事》上明确记载着！"

事后我在思忖，我应该回头去和他交流，说说我的观点："南宋时的保康巷不是"塞煞弄堂"，是一条通向浣纱河（当年叫西河）的小巷，朱淑真投水而死，应该在小巷西边的浣纱河，而不是在东端通中山中路处。保康巷的形制在清朝初年因为修筑旗营圈地，早已被一分为二，切断了，西段那边早已造了房子，所以说朱淑真的故居不在这里。

朱淑真是南宋时人，以"断肠诗"闻名，和李清照约略齐名。据三联书店上海分店出版的《朱淑真研究》记载，大致经历如下：

朱家住杭州保康巷，家境富有，有段时间他家的一个远亲男子在朱家做客，住在西楼，由于经常见面，产生爱情，两人在同游西湖时，有一些很亲近的举动，这在封建社会是很不适宜的。而朱淑真不仅有行动，而且还写成了诗。之后两人的恋情被其父亲发觉，远亲被赶走，随后朱淑真听从父命，嫁到了一个官宦人家。

由于丈夫志在仕途，对朱所钟爱的诗词创作不支持。夫妻志趣不合，朱心里很苦闷，之后有较长一段时间，关于她的记载是一片空白，但最后朱投河自尽却是事实，另一件事实是：朱淑真的诗词手稿多被其父亲焚毁。

虽说朱淑真的经历留下一段空白，但在当时理学盛行的背景下，就其家庭来看，应该是有端正的家风的，但出了个"不肖女"，因为朱的感情热烈、性格奔放，不肯屈服于封建礼教的束缚，直接造成了她悲惨的命运以及由此而形成的悲愤幽怨的诗词风格。

从朱淑真的经历可以看出，家风有时代印记，也与意识形态有关。总体来说，笔者还是肯定宋朝家风的，这与国风有关。

【引言】

　　明朝是一个英雄开创的新朝代。元朝历七十多年，由于蒙古贵族统治者有太重的特权思想，形成了不良的社会秩序，将人分四等，蒙古人地位最高，色目人位列二等，汉人为第三等人；南方长江流域及以南的宋人被划为第四等人，称南人。南人遭受多重压迫，苦不堪言，导致群雄崛起，既反元，又争夺天下。首先有白莲教、红巾军起义，后又有张士诚的"十八条扁担造反"等。朱元璋从加入红巾军开始，屡立战功，逐渐壮大。至元朝至正年间，已成为既反元又争夺天下的主要力量。经过一段时间的搏杀，终于成为元朝的后继者。

　　朱元璋建立明朝，是时势造英雄的典型事例。可是，为了明朝不受外夷的侵犯，朱元璋将自己的众多儿子分封到各地为藩王，以稳定朱家王朝的统治。特别是对北境边疆的分封，由几个得力的儿子担任。虽说巩固了边境，但亦留下了权力分散后的后患。前有燕王朱棣的"靖难之变"并夺取了帝位，之后又有宁王朱宸濠在正德十四年的叛乱。更因为朱元璋重视对皇族的分封和厚赏，使得全国的财富迅速集中到朱家皇族的手中，从而使国家走向衰落。

第4节：明朝家风漫谈

　　现在轮到讲明朝的那些事了。明朝共存在二百七十七年，根据明太祖布下的局面，全国实行藩王分封世袭制。这样的制度设计，一方面是朱家王朝的政权暂时得到巩固，但另一方面，由于皇族的特殊优越地位不受地方官员的管辖，必然会产生特权，除了生活糜烂并滋生腐败外，还有一点是制度设计者朱元璋未能想到的：皇族人口的高度膨胀，同时聚敛了全国大多财富，使民众不堪重负。朱元璋在位时，宗室人口49人，到了嘉靖八年，名册上登记的就有8203人了。到了万历年间，宗室人口竟然达到4万人，又过了20年，人口竟然超过了10万！朱元璋一定没想到，经过一两百年，他的子孙能从49人发展到10万人。到了明朝灭亡的时候，皇室宗亲人数达到了恐怖的30万，成了地方各级政府的沉重负担。

不过，尽管皇族有人口膨胀之忧，普通家庭还是追求过相对安定的日子。虽说有数量甚少的富裕家庭，但民间的贫穷是普遍的，占人口绝大多数的农村家庭或城镇底层家庭，唯求温饱、无兵祸灾害，过"老婆孩子热炕头"的日子。就家风而言，既有极少数皇族、富裕家庭的不良家风存在，也有相对较好的家风生根在民间。

（一）从徐渭入赘谈家风

人的命运与人生机遇、个人努力、性格是否坚毅有关，另与先天禀赋也有关系，以明朝时的青藤先生徐渭为例，很能说明问题。

在明朝，仍然有一些大家庭，以徐渭一家为例，他的父母、兄弟及子侄，都曾在同一家庭里生活。由于徐渭的生母是妾，更因为在生父逝世后，其生母被赶出徐家，徐渭的心情可想而知。但社会制度如此，他亦无话可说。这是徐渭经历的第一个挫折。

弱冠之年，有林家女适龄，徐渭入赘其家，夫妻恩爱，徐渭的生活暂时得以安宁。但不幸的是其妻在22岁时因病亡故，这样一来，徐渭在林家就成了一个外人，住在那里浑身不自在，只好搬出另行赁屋。这是徐渭遭遇的第二次挫折。

徐渭遭遇的第三次挫折是科举不应。他16岁中秀才，人又很聪明，考上举人似乎不是问题，但是屡考不中，没有举人的资格，就意味着没有做官的资质，为此，虽说大家都承认他的文才，但未取得做官"入场券"，意味着没有功名。

徐渭的第四次挫折是：后台胡宗宪倒了。胡曾以总督身份奉命到东南沿海抗倭，因慕徐渭的才名，曾聘任徐为幕僚，与唐顺之等名流一起在抗倭前线成为胡宗宪的幕僚班子和智囊，相互之间的关系很好。但好景不长，之后，胡宗宪受严嵩案牵连被罢职，徐渭只身回乡，经济陷入困境，但名声已在。

徐渭的最后一次挫折是"自毁长城"——倨傲过头。徐渭回到故乡绍兴后，曾有当时的县官慕名登门拜访，起初递上的名纸带有山阴知县的头衔，徐渭一脸不屑，拒不相见。当知县以晚生的名义再次求见时，徐渭仍然不见，显得有些不近人情。徐渭就这样在落拓中因经济拮据、无人帮助而离世。

应该说，徐渭是一位奇人、畸人、著名诗人、戏曲家、书法家，又是一流的画家，在文学史和美术史里，都有崇高的地位。但是他一生遭遇波折不断。他在世时，虽然不算无名之辈，在抗倭前线也做出一番事业，但最终如《东方畸人徐文长传》所说，"竟以不得志于时，抱愤而卒"。他死后，名字便渐渐被人所忘。后来晚明文人袁宏道无意间发现了他的文字，不仅为他刊刻文集，并为之立传，使行将湮没的徐渭，终于大显于世，进而扬名后代。所以说，徐的天赋是成就的基础，机遇促成徐渭的文字传世。

从徐渭一生的遭遇看明代中层家庭的家风，应该说还是不错的，一是徐渭虽为庶出，但徐家没有歧视他，反映在分家产问题上；二是徐入赘林家未受歧视，是因妻子病故而离开，亦属自然；三是徐渭性格太偏执，未得善终，不能完全怪别人。总的说，徐渭的原生家庭的家风，应该是良好的，但至徐渭一支时，由于他性格偏执，未能将好的家风延续至后代。

（二）秦良玉忠勇家风

秦良玉是明朝晚期的女将、女性名人，出身于将门，事迹被记载到《列女传》里。另，秦良玉是唯一一位被载入正史并单独列传的巾帼英雄。

秦良玉生于将门之家，自幼深受"执干戈以卫社稷"家训的影响，成就了轰轰烈烈的一生。而《秦氏家乘》也培育出了明末秦氏"一门八将"满室忠烈的辉煌。

秦氏家族家训始于明嘉靖九年。系秦氏家族后人秦弁编修。据《秦氏家乘》记载，元末，秦家祖先秦安司自楚入蜀，生子国龙、国宝，是为秦氏入川的始祖。

《秦氏家乘》定下了"子孙遵国家法律""勿恃富欺贫""古者寓兵于农，有守望相助谊"等十条家规，以及"崇祖德""守恒业""正心术"等八条家训。

秦良玉的父亲秦葵是秦安司的八世孙，生于明嘉靖年间，自号"鸣玉遗老"，忠县岁贡。文武双全的秦葵将家规中的"子孙遵国家法律""古者寓兵于农，有守望相助谊"的家训精炼为"执干戈以卫社稷"。这句话的意思就是：拿起兵器来保卫国家。他很重视对子女的教育，常常教导三个儿子："天下将有事矣，尔曹能执干戈以卫社稷，方称吾子也。"他也常对秦良玉说："汝虽弱女子，也要习兵，不要徒为敌寇的鱼肉。"这位父亲没有"重男轻女"的思想，让女儿同儿子一起学习骑射击刺之术和带兵之道。

"执干戈以卫社稷。"正是在这句家训的影响下，秦良玉率领白杆兵南征北战，立下了卓越战功。她以定边平叛的功绩获得太子太保、忠贞侯的勋位。她凭借一族之兵，在狼烟四起的明末乱世，独力支撑起石柱宣抚司辖地一方太平,让老百姓免遭兵燹之祸。而她的几个兄弟、侄儿以及她的亲生儿子、儿媳也先后为国捐躯。

1619年,后金劲旅在辽东萨尔浒大败明军,朝廷征调各地兵马援辽,秦良玉先派哥哥秦邦屏、秦邦翰,弟弟秦民屏领兵五千北上救援。1620年,敌兵南下,国家危急,秦良玉带领白杆兵,一路跋涉几千里赶到辽东。此时,敌军兵锋正盛,先后到达的十几支援军都避战不前,只有秦良玉的白杆兵不畏强敌,奋勇当先。在浑河之战中,秦良玉的两位兄长秦邦屏、秦邦翰战死。

1642年,秦良玉的儿子马祥麟镇守襄阳。因敌军势大,马祥麟知道城池早晚会被攻破,就给母亲秦良玉写了一封绝笔信。他在信中向已经69岁高龄的母亲写道:"儿誓与襄阳共存亡,愿大人勿以儿安危为念!"秦良玉见信后,并没有将自己唯一的儿子从前线调回,而是含着眼泪提笔在信纸上写下了:"好!好!真吾儿也!"这年2月,马祥麟阵亡于严家庄。

1644年,清兵入关攻入北京后挥师南下,年逾古稀的秦良玉打起"复明抗清"的大旗,不改明代年号,以万寿山为基地,固守石柱,保境安民,直至1648年去世。

《秦氏家乘》代代相传,影响深远。据不完全统计,秦家历朝历代有功名的,有300多人。秦氏族人没有忘记先辈的荣耀,每年的春节、清明节、中元节,他们都要到秦良玉墓祭扫,由族中老人向后辈子孙宣讲族训家规。

从秦良玉一家的事迹可看出,明朝儒家忠君报国思想深入人心,秦家"忠义"家风相传,因此明朝能维持二百七十七年历史。

(三)从戚继光怕老婆谈家风

戚继光是明朝时的抗倭英雄兼功臣,在战场上他既是主将,更懂谋略。他受命领导东南沿海的抗倭任务后,首先考虑的是抗倭军队的基础建设,而不是急急忙忙训练军队。他发觉老兵有老兵的好处,但也有弊端,那就是"油"。为此,他的第一步措施不是调入或加紧训练军队,而是要组建、训练一支新军。"首招三千义乌兵"给予严格且新颖的训练;而且以招力气大者为首选,对"武艺高强"者较少考虑,因为上战场是生死之战。花架子式的武艺高超,比不上专司实战的刺、劈、砍、挑及阵法的运用。这是戚继光的高明之处。他创设的鸳鸯阵和使用狼筅(武器名)在抗倭中取得决定性的胜利。

　　戚继光在战场上有谋略,在家风问题上也有"谋略"。一是尊重夫人,在历史上有惧内之名;二是在子嗣问题上,亦用谋略,主要反映在戚继光背着妻子娶小妾这件事上。

　　在封建社会,没有儿子,就意味着家族灭绝、断子绝孙。而戚继光的妻子偏偏没生儿子。这下戚继光有些急了,怎么办?纳妾是唯一改变断绝香火的办法。戚继光有和谐家庭的氛围和家风,且妻子是个贤内助。但在纳妾这件事上,戚继光不敢征求妻子的意见。一则征求后如果不同意,这个家岂不是完了。要保持这个家的完整,只有采取秘密纳小妾的办法,而且在纳了妾之后果然生了儿子。

　　但是纸终于包不住火。妻子得到消息后,怒不可遏,到处寻找戚继光要说法。戚继光知道夫人在找他后,就躲了起来。但长期躲藏不是办法,何况军务需要戚继光去处理。

　　一天,戚继光鼓起勇气,走进家门,求饶道:"纳妾实在出于无奈,我们老了总需要有后人扶养,请夫人饶恕。"由于讲的是实情,戚继光夫人的怒火终于慢慢熄灭,承认了纳妾这一事实,并接纳了两个非亲生的儿子。

　　就家风问题讲,戚继光是武将,戚继光夫人是将门之后,对戚继光的事业成就有很大的助力，是一个很和睦的家庭，也有很和谐的家风。不过在无后这个问题上虽有共同的看法，但由于爱情具有独占性这一特点，一度产生矛盾，是可以理解的。当戚继光回家陈述不得已之后，得到夫人的理解，这个家庭重归于好，重振了戚家的和谐家风。

怕老婆是家庭文化一种反映，它常常呈现女强人的形象。戚夫人出身将门之后，懂得文韬武略，在军旅生活中，能够给予戚继光的事业以帮助，使戚产生敬重之心，并且有一个和谐的家庭。在子嗣问题上一度有不同的做法，之后通过戚继光对夫人"负荆请罪"，继续保持着好家庭和好家风。

（四）从《娇红记》谈明代家风

《娇红记》是明末的一部小说，写的是一个情深意切、情节曲折、凄绝感人的爱情故事：

书生申纯应试不第，到舅父王文瑞家探亲解闷，遇见面貌秀丽、聪慧多情的表妹王娇娘，一见倾心。在两人朝夕相处的过程中互相知晓心意，经过曲折的相互试探和痛苦的相思后私订终身。

之后在娇娘的催促下，申纯遣媒向王文瑞家提亲，王文瑞嫌申家家贫无地位，以兄妹不得婚配的借口婉拒。后申纯赴试高中，王文瑞有心纳他为婿，并且付诸行动。不料帅府公子看中娇娘美貌，帅府派人前来逼婚，王文瑞不守信义，改许娇娘于帅府，致申娇二人无望而终。

但是娇娘坚守情义，在无望的情况下抱疾而逝，申生闻讯亦不愿苟活，随娇娘而去。至此王文瑞悔之莫及，两家人将申生、娇娘合葬于一处，此之谓"鸳鸯冢"。

一般来说小说是社会现实的反映，为此我们可以将它看作是明代社会的一个缩影。正如我们看《金瓶梅词话》一样，它反映了明代的某些社会现象，即部分家庭的家风。不过两者相比，《娇红记》比较接近儒家的思想，而《金瓶梅词话》部分反映了明代时社会和家庭风尚不够正经的种种现实。

总的一句话，旧中国时，始终以儒家思想为道统，历代的家庭和家风，虽有些许不同，但总体上是上行下效，就明代一朝来说，由于皇家的风气不正，社会风气有上梁不正下梁歪的情况，是不奇怪的。

【引言】

　　清朝是以清朝贵族统治的朝代，这个朝代与元朝的区别在于：清朝的开国者认同汉文化具有相对的优越性而接受了它。为此，宗奉儒家思想，从而部分缓和了民族间的矛盾，得以立国二百七十六年。而元朝的开国者排斥汉文化，奉行"强者为王"的丛林法则，将人分为四个等级。第一等的蒙古人可以任意欺压南人，为此民族矛盾和阶级矛盾始终未能得到缓和，因此，立朝不过一百六十三年。

　　清朝二百七十六年中，虽说有过早期所谓的"康乾盛世"，但那是以牺牲最广大人民利益的反映。当时（乾隆年间）的农村，瓦片房"百不见一"，基本上都是茅草房，可见农村居住条件的恶劣。再说粮食，年成稍不好，在交了皇粮后，农民自己得挨饿，有吃树皮草根的，有吃观音土充饥的，只有丰收年情况才会好一些，所以说"康乾盛世"这个说法细究起来是有很大水分的。

第5节：清代君子型家风

　　清朝是中国最后一个封建王朝，统治时间长达二百六十七年。在这漫长的两百多年中，早期有强迫汉人留辫子的征服感，所谓"留发不留头"是也；中后期有接受汉文化、放弃"马背文化"的被同化过程。我们从早期的官方文书必须以满文为主，到中后期行文各省的文书中基本上用汉文，很少使用满文，就可看出对汉文化的认同。

　　留辫子只是外在形式的屈膝，被同化才是认同汉文化有优点的基本。所以说，满族人入关，仅仅是少数贵族占了二百余年便宜，实际是将版图纳入被征服的明帝国。那么，清代对中国家庭和家风有什么影响呢？应该说很小，最根本的原因是：汉族人口占全国总数的绝对优势，而人是一个国家的最根本元素，汉文化又渗透到清代的各个阶层。

既然清代对于中国社会的家庭和家风没有什么大影响，那么反映在什么地方呢？本小节拟谈谈清代文化人家的正人君子式家风。

（一）从张英家让墙谈家风

在安徽桐城，有一条小巷，名六尺巷。巷名的来历与家庭间的矛盾有关，更和好家风有关。

张英，1637年（明崇祯十年）生。父张秉彝；母吴氏，麻溪吴应耀之女；妻子姚氏，同里儒生姚孙森幼女；子张廷瓒、张廷玉、张廷璐、张廷㻑、张廷瑗、张廷瑾。长女、次女名不详，三女名张令仪。

张英27岁时考中举人，列第12名。1667年（康熙六年）中二甲第4名，赐进士，曾任工部尚书等职。1699年，康熙任命张英为文华殿大学士兼礼部尚书。

张家的好家风，主要反映在宽厚、大度、律己、仁慈、容让等方面，尤其是大度、律己，留有好故事。

1. 六尺巷的故事。

清代康熙年间，张英的老家与邻居吴家在宅基地的问题上发生了争执，因两家宅基地都是祖上基业，且时间久远，对于宅基地的界限谁也不肯相让。双方到县衙打官司，但因双方都是有官位、有名的望族，县官不敢轻易决断。与此同时，张家人千里传书到京城请示。张英收书后拟诗一首捎回，诗云："一纸家书只为墙，让他三尺又何妨。长城万里今犹在，不见当年秦始皇。"接此函后，张家人豁然开朗，退让了三尺墙基。吴家见状深受感动，也让出三尺，形成了一个六尺宽的巷子。官司自然了结。

这则故事反映的是张英家的好家风：大度、谦让。在有争议的土地上，宁可自己家谦让一些，"让他三尺又何妨"，不但教育了在老家（桐城）的子侄辈，亦有益于邻里：感动了邻居家吴姓举人，既免却了一场官司，还给后人留下一段话。如果用第一章第一节家风的定义对照，属于好家风。

2．棉衣的故事。

张英60岁大寿时，他的夫人计划专门雇一个戏班子到张家唱一场"堂会"，并设宴席款待那些前来贺寿的亲朋好友。这件事本属夫妻恩爱、相互关爱的家风故事。但是张英得知后，坚决不同意。他劝说夫人放弃这一计划，并用这笔钱作济贫的善事。夫人同意他的设想。时值隆冬，将办寿宴的钱做成100套丝绵衣裤，施舍给行走在路上的穷人。这则故事反映张英家节俭济贫的家风，值得后人学习。

从以上两例，我们可以看出张英的好家风是清代正人君子家庭的代表。

张英一生从政，虽经历沉浮，终至在相位上致仕。张的著作有《笃素堂诗集》《笃素堂文集》《笃素堂杂著》《存诚堂诗集》《南巡扈从纪略》《易经衷论》《书经衷论》《四库著录》《聪训斋语》《恒产琐言》等。

更为可贵的是，其子女均继承了好家风，次子张廷玉，做了两件青史留名的事。一是"让探花"。张廷玉曾任太子的老师，后来雍正帝即位，张廷玉拜相时，其子若霭参加殿试，雍正帝拟定若霭为探花，在宣布之前，将意向告诉张廷玉，原以为自己曾经的老师一定会很高兴。未料到张廷玉闻此消息，立即跪伏于地，请求皇帝收回拟定，将其子降格录取，这样既可避嫌，还可以为国家选拔更多的人才。雍正帝见老师极诚恳，于是收回拟定，将之安排在二甲的名次。这则事例显示张家的谦逊家风。

二是退赠画。一天，张廷玉在好友家见到一幅好画，回家后让儿子去看看，学学人家的长处。张若霭按嘱咐去了。过了些日子，张廷玉在儿子的书房发现这幅画。经过盘问，才知道朋友见张若霭对此画感兴趣，就说"送给你吧"。张若霭觉得朋友之间赠物，乃属常情，取回后挂在自己书房中学习。不料被父亲看到，数说他不该据有"非分之物"。若霭立即将画送还，还作了一番解释。可见张廷玉继承其父谨肃之家风。

（二）袁机的命运与袁枚的家风

袁机是谁？她是清代诗人袁枚的三妹，是一个为维护好家风而准备自我牺牲的悲情女子。她明知在幼年时父亲将自己许配给了湖南衡阳高八家做媳妇，原以为官宦人家的男子，总会是个文化人，未料高八之子高绎祖长大成人后，竟是一个花花公子，且性情暴躁狠毒。因此，高家觉得配不上袁家，主动来信请求解除婚约，也算是好家风的表现。但袁机闻讯后，宁担风险，信守诺言，按婚约如期嫁往湖南高八家做媳妇。面对父母的劝阻，她态度坚决："夫婿有疾，我字之；死，我守之。"（《清史稿》卷五〇九）那么袁机明知嫁往高家是一种跳火坑的行为，为什么还愿意牺牲自己呢？答案是：为了维护好家风及自己从一而终的贞节之志！那么前后的因果关系及情况如何呢？

袁机的父亲袁滨，曾经做过高八的哥哥衡阳令高清的幕宾。高清因涉嫌"挪用公款"去世，其妻被押在牢里。其弟高八解救不成，袁滨知道后，亲到湖南衡阳为原东翁作证昭雪。冤案平反后，高八很感激，但无以为报，就想到以联姻方式报答袁滨的恩德。当时高八的妻子已怀孕待产，袁机刚三岁，双方议定：

如果高八之妻生下的是男孩，两家就结亲。双方互换了信物，这桩指腹为婚的联姻就这样结成。

袁家在杭州，高家在衡阳，相互不知情。按常情说，"龙生龙，凤生凤，老鼠生子会打洞"，两个书香门第的孩子都会按规律成长。男家高八的儿子应读书求仕途，像其父亲一样，谋个一官半职，即使努力程度不够或运气不佳，至少可以做个师爷、医生、塾师之类的不会有问题。

就袁家三女袁机来说，即使未正规读书，在家庭文化的熏陶下，通点文墨，知书达礼，成为一个德才兼备的贤淑女子，应在情理之中。袁机也确实是按照此规律发展，而且其文才、诗才，远远胜过一般读书人家的子女，这一点在袁枚为其刊印的《素文女子遗稿》中多有体现。

然而高家孩子的成长完全出乎人们的预料。虽说历史文献没有留下较多的具体细节，但从有关记载中，我们还是可以推测出下列几点：

一、高八之子高绎祖对读书上进很厌烦，所以不读书，而且反对家人读书，在袁机嫁过去之初，情况尚可，等到新婚的甜蜜期过后，他对袁机读书和作诗产生厌烦。

二、性格粗暴，行为野蛮，乃至动手打人。由于其母规劝并阻止其变卖家产，竟然被他打掉两颗门牙，袁机被打更是数不胜数。

三、正因为不读书，所以高绎祖放荡不羁，乃至寻花问柳；还喜欢赌博，输了再赌，赌了再输，典卖家产和袁机的嫁妆，最后竟然要将妻子袁机卖掉抵充赌债。

四、天性中有不良因素，他对人伦、孝道等一切社会规范毫无知觉且不遵守，只求自己畅快，得不到满足就动手打人，甚至连自己母亲都打，无异于地痞流氓。

五、由于以上种种情况，高家虽是书香人家，但高绎祖的发展完全背离了高家的家风，根本配不上袁机，将其娶过来，不仅不是报恩，而且是害了袁家。衡量再三，高清夫人与高八商量决定自愿退婚，假托高绎祖患有恶疾，要求与袁家解除婚约。

为什么高家会发生这样的情况呢？这就是人生的变异。人的发展和事物的发展都有常规性和变异性两种可能。常规性发展是大多数，变异性发展是极少数。高家提出订亲时，未料到高八之子会属于极少数之列，至于原因，最大的可能是孕育时的不利因素，例如当事人酗酒、心情极度暴躁等。

现在问题摆在那里，怎么办？先请朋友们读一首《闻雁》诗，作者就是袁枚的三妹袁机：

    秋深霜气重，孤雁最先鸣。
    响入空闺静，心怜永夜清。
    自从成只影，同是感离情。
    谁许并高节，寒林有女贞。

从诗作可知，嫁至高家的袁机何等苦恼！但她忍受着痛苦，且没有将痛楚告诉父母和兄长。她在等待奇迹出现。然而袁机失望了。当她的夫君因为欠别人的赌债，拟卖妻抵债时，袁机才将实情告诉父亲。袁滨闻之大怒，追到衡阳，通过诉讼，判决他们离婚，袁机带着女儿回娘家生活。

从家风观点看袁机的经历，她的娘家始终是好家风，她的前夫家，是一种乱头家风，即高清夫人和高八妻是好心肠和好家风，但是儿子却是坏胚子。虽说家风的主导权还在高清夫人和高清之弟手里，但他们控制不了一个成年儿子的恶行和劣迹——对父母都要施暴，这就是家风大概念之十一所列的"分裂型家风"，也可以说双方在争夺家风的主导权。

（三）从曾国藩不纳妾谈家风

曾国藩是清朝中后期的名臣，以消灭太平军居功至伟，成为清朝中兴之大臣。他的家庭地位与他在社会上的影响都很重要。其家风是：严正、忠毅。他对待妻子儿女的要求都很严格。以封建时代的标准衡量，他家属于好家风。曾国藩的好家风的另一种表现为：不纳妾。

封建社会的官员、士大夫阶层，男子纳妾属于正常范围；对于有些士大夫来说，反而认为不纳妾是小家气派，多次纳妾，能显示大家气派。当然这是少数。还有少数则认为，为了家庭的和谐，能不纳妾，就尽量不要纳，除非万不得已。曾国藩大致属于这一类。有人劝他纳个妾，但他坚持说不。虽然最后还是纳了，是因为他患有皮肤病，需有人替他抓背，如果要婢女抓，就有名不正言不顺之嫌，而纳为小妾，无须避嫌。所以说，曾国藩出此"下策"，也可以说，不纳妾是保持和谐家庭的重要条件之一，而且也是向子孙示范。

附带说几句曾国藩嫁女时的家风。

在那个时代，父母之命、媒妁之言，是结婚成家的合法程序。曾国藩对自己的女儿们都做到了。而且经过自己的挑选，都是门当户对的婚配。

但是，"君子之泽，五世而斩"这句话也应验在曾府的前四个女儿身上，也就是说，她们的婚姻不如意，在婆家不幸福。曾国藩接受教训，在第五个女儿曾纪芬出嫁问题上，搞了个"自由主义"——让女儿和她的妈妈一起挑选。方法是，他自己物色好人员，请到家里一起吃饭，让妻子和女儿在屏风后面偷窥，观其相貌，察其言行，看中了就让人去提亲，第五个女儿曾继芬相中了曾国藩朋友的一个儿子，结果很好。

从以上两例可以看出，曾国藩是个"知不妥，能改正"的好家长，不失为正人君子的家风。

（四）《浮生六记》中的家风

《浮生六记》（现存四卷）是清代中叶苏州人沈复写的一本自传体的随笔，记叙他的婚姻、家庭、游历等方面的内容，从而可以清晰地看出他的家庭和谐，夫妻恩爱有加。它告诉后人，日子可以这样过，好家风可以是这样的。

沈复（1763—约1838），字三白，号梅逸，生于长洲（今江苏省苏州市），14岁时，他曾随父亲居绍兴官所，拜赵传先生为师学习诗文。工诗画，善散文，以游幕为生，足迹遍及大江南北。

第一卷《闺房记乐》写沈复与其同龄表姐结婚前后相亲相爱的生活，笔触细腻，情景活现，将沈复与陈芸既有共同爱好、又有不同性格的闺房生活展现在人们的面前，引得不少后来人的羡慕。且引其初婚的一小段文字：

> 芸作新妇，初甚缄默，终日无怒容，与之言，微笑而已。事上以敬，处下以和，井井然未尝稍失。每见朝暾上窗，即披衣急起，如有人呼促者然。余笑曰："今非吃粥比矣，何尚畏人嘲耶？"芸曰："曩之藏粥待君，传为话柄，今非畏嘲，恐堂上道新妇懒惰耳。"余虽恋其卧而德其正，因亦随之早起。自此耳鬓相磨，亲同形影，爱恋之情有不可以言语形容者。

以上这段文字，写出了沈复夫妻的爱恋，亦写出了他们的好家风：作为媳妇，恪守妇德，上对公婆孝敬，中对丈夫挚爱，下对仆役善待，可谓难得。

《坎坷记愁》这一卷，写沈复与陈芸日常生活中的一些细节，有情趣盎然的，也有显示好家风的。诚如林语堂先生评价《浮生六记》中的陈芸为"中国文学及中国历史上一个最可爱的女人"，且看如下引语：

> 乾隆乙巳，随侍吾父于海宁官舍。芸于吾家书中附寄小函，吾父曰："媳妇既能笔墨，汝母家信付彼司之。"后家庭偶有闲言，吾母疑其述事不当，乃不令代笔。吾父见信非芸手笔，询余曰："汝妇病耶？"余即作札问之，亦不答。久之，吾父怒曰："想汝妇不屑代笔耳！"迨余归，探知委曲，欲为婉剖，芸急止之曰："宁受责于翁，勿失欢于姑也。"竟不自白。

从以上引文可看出陈芸的"伟大"：宁可委屈自己，不为自己辩白，唯求家庭安宁。这是封建社会妇德的一种反映。这样的家庭关系是好家风的反映之一。为此可以说，《浮生六记》是清代正人君子的家庭和好家风。

《浮生六记》另有《闲情记趣》《浪游记快》两卷，但非沈复原作，已不是本章要说的范围了。总的说，以上所举例的四个家庭，都可称之为正人君子的家风。读者诸君以为如何？

第三章　中国乡村家风类

【引言】

在二十世纪前半叶，我国还是以农业为主，广大乡村以农业生产为主，兼有少量养殖业、种植业、捕捞业；直到二十世纪八十年代，由于改革开放事业的推进，农村开始发生天翻地覆的变化。一方面是农民工进城的大潮，另一方面是农村兴办加工业和小手工业以及现代化农业，再一方面是农村第三产业的兴起，如农家乐、旅游观光等。所有这些都说明我国的农村在大踏步前进。

农业和农村的迅猛发展，是科技进步、城乡交流、政策引导的成果。使农村的文化面貌发生了很大的变化。不过，有一点也是事实：与城市比较而言，农村布局相对分散，从农民工进城大潮起，农业人口逐渐减少，农业生产和农民生活方式从比较单一逐步走向多元。只是，物质条件的改善，并没有过多地影响到旧时代农民比较质朴、厚道、单纯、勤劳、善良、本分、刻苦、节俭的本性。换句话说，他们是孟子"人之初，性本善"思想的样本。

本小节主要讲敦厚型农村家庭及其家风。

第1节：敦厚型家风

何谓敦？诚恳，忠厚也。何谓厚？宽厚不刻薄也。《后汉书·朱穆传》："常感时浇薄，慕尚敦笃，乃作《崇厚论》。"《崇厚论》论述的主要是人性中的厚道与礼法的关系，主张在遵守礼法的基础上同时重厚道，即强调人性善良的一面。这种情况在农村中比较多见，笔者在诸葛八卦村采风时，曾亲见一例。

诸葛智方是诸葛八卦村的一位普通村民，是诸葛亮的第五十代裔孙，为人质朴厚道。一家三口在村里有一亩二分地，他既种地，又在上塘边商业街开有一家茶店，接待本村及邻近村民喝茶，且收费极低廉：每人每次五角钱！那天笔者在他的茶店里闲坐，这时进来一位女士，找到店主，边聊天边谈诸葛八卦村的情况，并递给诸葛智方一张名片。诸葛智方摇摇手婉拒，笑着说："没有用的。"这位来自上海的游客只得尴尬地收回。事后我与智方说："对方是好意，你应该收下，不收等于拒绝，这会伤了她的感情。"

这件小事可明显看出，诸葛智方是位敦厚型的村民，质朴且实际；而笔者的劝导带有礼仪的成分，显得世俗且勉强。

在中国，敦厚型家风较多地反映在乡村，且多种多样，有的知足常乐，有的平安是福，有的勤俭持家等。兹分述之。

（一）知足常乐型家风

"知足常乐"一词，源出老子《道德经》，其中第四十四章有"知足不辱，知止不殆，可以长久"；第四十六章另有"故知足之足，常足矣"。意思是说，人们知道获得之不易，知足，就不可能受辱，懂得适可而止，则身心就会有快乐之感觉。反之，贪得无厌，却会产生烦恼。

人的欲望，亦可能升级成贪欲，贪欲会导致犯罪，对社会和别人造成危害或不利。人们在生活中总结出这种规律后，有了控制欲望的认识和觉悟，为了告诫自己或子孙，一些有识见的农人总结出控制过度欲望的方法。怎么控制呢？就是告诫自己不要贪得无厌，要知足，知足才能快乐。就这样创造出"知足常乐"一词。有的还编写了故事，如民间故事《聚宝盆》，就是寄寓知足常乐之意，故事梗概如下：

明朝时，有一对夫妻，男的叫华良，女的名何花。这一年因为歉收，他们带着三个孩子逃荒到镇上。华良给地主家做长工，何花在村头摆摊卖面食，日子还过得去。一天晚上，华良做了一个梦,梦见他在耕田时耕出个大瓦盆,还没等他拾起,走过来一个白胡子老头。老头说这是个宝盆,若往盆里放粒米,不一会儿就能变成一盆。用得好,会给人带来幸福;用得不当,会让人家破人亡。

华良回家试用,在盆里放了几粒米,第二天果然变成满满一盆白米,足够一家吃饱。第二天夫妻再试,仍然灵验。华良和妻子商量:我们能吃饱了,别再在镇上住了,还是回家乡吧,就这样,夫妻俩带着孩子回到家乡,过着自给自足的生活。

时间一天天过去,孩子一天天长大。有一天孩子对爸爸说:这宝盆能从少变多,我们何不放个钱进去,这样不是就发财了吗?但是华良和何花说做人要知足,没有答应儿子的要求。

有段时间华良要出远门,将宝盆交给儿子保管,并且嘱咐他不许放钱。但是儿子不甘心,晚上偷偷放了一个钱,第二天果然变成一大盆钱。这样一连三天,都能收获一大盆钱。第四天早上,儿子看到满满一盆钱,但没有叫停,钱就从盆里溢出来,溢呀溢的,溢得满屋子都是钱,钱不断地溢出来,竟把儿子压死了。

这则故事告诉我们,知足常乐是人的一种觉悟、一种境界——不沉湎于欲望、贪婪、扩张,同样道理,厉行节俭,奉行勤劳、奉献,也是德行。二十世纪八十年代,杭州建国北路有一座知足亭,并有"知足弄"地名及现今的知足弄社区,皆因知足亭而命名。知足亭的寓意就是要劝人知足。所以说,知足是一种文化,也是一种哲思。

知足常乐型家庭,大多在农村。他们依靠农田、湖河、山地、森林等自然资源为生活依托,比较贴近大自然的环境,在自然经济为主导的条件下,满足于年成好、丰收积粮,副业收入不错,不仅无虞饥寒,而且在新时代亦不羡慕到城市打工,而是坚守一方土地,做好自己的活计,过"老婆儿子热炕头""父健子孝保顺流"的生活。这类家庭，可称为知足常乐型家庭，其家风是厚道、善良。在《吴越古村落》一书中有《酒乡东浦行》一文，反映的是一个农家的质朴，略述如下：

>　　东浦镇仿赏村是中国黄酒原产地兼精品地。原因是制作黄酒必须用米之外，更需要用水；水质的好坏，对酒品的质量有根本性的影响。贵州茅台酒如此，绍兴黄酒亦如此。而仿赏村是鉴湖水的最中心之地，所取之水，是制成精品绍兴黄酒的重要"原料"。
>
>　　那天，我去仿赏村采访。在村大会堂碰上一位名吴云亮的老人。他家除了种粮食供自己家吃饭做酒外，还被聘为村大会堂管门员，月收入一千元，但他很满足，认为"吃口不用愁，子女有盼头，管门赚零头，老酒咪一口"，人生足矣！
>
>　　他知道我为了解绍兴老酒的原产地而来，特别高兴，还有点自豪感，特地向大会堂领导请了一小时假，一定要带我去他家"看看他的手艺"。他还告诉我："我每年做三五百斤酒，自己喝一点，子女带点去。我们村有做酒的传统，虽说现在绍兴黄酒已集约化生产，但我们还是喜欢吃自家酿的酒。"说毕，他取出一个空塑料瓶，灌了满满一瓶酒，一定要我带回杭州尝尝。

从胡云亮老人合家同喝一缸酒的情况看，这个家庭的子女虽已分出去住，但其亲情之蜜、家风之淳，则可见一斑，是知足常乐型的家风。

（二）平安是福型家风

平安是福型家风的家庭，大多经历过苦难、危殆、不幸、烦恼等。他们从中得到的体会是：人生之途不一定是平坦的或幸福的。为此，他们要求家庭成员在寻求上行的同时，首先要求平安；有了家庭的平安，才有家庭成员的幸福，不然一切都是空话。这类家庭不但现当代有，在古代时这类家庭更不在少数。

笔者曾走访江浙闽的一些古村落。在楠溪江中游寻访时，到过鹤阳、鹤溪等村庄。那里是谢灵运后裔的聚居村落。系祖上为了逃避战乱而迁居乡村的士族的后人。因此，一路南下，首先祈求的是平安。定居下来后，除了耕读、维持生计和寻求科举成功，仍将祈求家庭和家族的平安看作大事。村里的子孙繁衍至今已有千年以上，但现在的村民仍然有平安是福的遗风。

兰溪诸葛八卦村是全国最大的诸葛亮后裔的聚居村落，全村一千多户，近五千人口（包括临时在村里经营的小商户），真正的诸葛亮后裔占80%左右。该村自诸葛大狮始迁于此地起，开始繁衍人口，迄今为止，已历二十七代。二十世纪末该村被评为全国重点文物保护单位。

诸葛八卦村之所以被评为全国重点文物保护单位，应该和该村对元明清的古建筑的完整保护有关。该村支部书记诸葛坤亨告诉我，这个村过去和现在最关心的有三个方面：

1. 外出经商的男人平安归来是福。
2. 守家之妇求安忱是福（主要指是否守妇道）。
3. 保护"文物"力求平安是福。

诸葛八卦村被评为全国重点文物保护单位后，虽说国家拨的经费有限，但有光荣感，能吸引全国各地的游客来诸葛八卦村观瞻，却是精神上的荣耀，何况还有经济上的收入。为此，村里对于保护两百多幢元明清的古建筑十分重视，对于火灾的警惕性十分高。对于这些古建筑，但求平安是福，这是该村自列入全国文物保护单位起的一种守望。

（三）勤俭持家型家风

旧中国时的农民被称为"面朝黄土背朝天""老婆儿子热炕头"。前一句是说现代农民生产劳动的光景，后一句是说现代农民对生活的要求是娶个好老婆，生个胖小子，有个温暖之家，过上"小确幸"的生活。这些是大多数农民的追求。

当然随着时代的前进，一些新型农民，特别是先富起来的农民，已经不再满足于上述生活方式。而是要求造楼房、有花园、享受空调、出行有小车等。但不可否认，由于各地发展的不平衡，在广大农村仍然存在中等生活及以下的人家。据2019年的相关数据，全国仍有约6.1亿人口月收入约1000元。他们的家庭和家风以勤俭持家为特色，以节约、节俭、勤劳、积累作为治家的根本。他们大多文化不高，靠的是体力及强度工作，以维持和改善生活。这就是勤俭持家型家庭的基础，也是这些家庭的家风。

勤俭持家、刻苦发家型家风多发生在自然经济形态下的世代务农者，由于他们知道财富对于家庭、生命、婚娶、丧葬等方面的重要作用，为此祖上虽无产业遗留，但要从自己开始勤俭刻苦，以求发家。1949年以前的大部分地主、乡绅、富农多是从刻苦发家而来，在农村有比较好的家风。

前些年，笔者曾回访上虞区哨金乡的阮姓人家。他们世代务农，在村中以本分人家著称，但其家庭特色却是勤俭持家，节省每一分钱，坚持每天干活不少于12个小时。

以下再看一个事例。

于妈妈今年48岁,是两个儿子的母亲,在30岁前她一直是生在农村、长在农村,1999年为了给孩子创造一个好的生活和学习环境,她搬到靠近镇上的农村。由于她从小就养成了勤俭节约的好习惯,虽然迁居到"异地",但她从不与人攀比,穿衣打扮、生活用品但求简约,一直保持着勤俭节约的习惯,虽然收入不高,但是她一贯坚持传统美德,对父母十分孝顺,十几年来她和父母住在一起,长期照料老人,把家庭生活经营得井井有条。同时,她对子女教育也十分严格,含辛茹苦地供两个儿子上学,是亲戚、朋友乡邻公认的好媳妇,是勤俭持家的好榜样。在她的勤俭持家下,除了供两个儿子顺利上大学,还拥有了属于自己的楼房,她的家庭和谐幸福。

(四)甘心奉献型家风

甘心为别人作奉献是一种纯朴且高尚的精神,其特点是:不计较世俗的名利,从平凡工作岗位上找出闪光点,甘心担当起有些人不愿意做的苦活、脏活、累活,而且不计较报酬;认为替别人做点事,帮其他家庭解决问题,人家乐意,自己也高兴。虽说干的是粗活,而且是白干活,但因为心中产生愉悦感,仍然乐意担当,从而受到人们的欢迎和称赞。

杨有库是山西省阳城县北留镇南留村的一名普通村民,他尊老爱幼、乐于助人、勤劳致富、家庭和睦。他在外是好村民、好邻居,在家是好儿子、好丈夫、好父亲。他把事业和家庭完美地融合在一起,成为新时代和谐家庭的典范。2019年,他们家被评为"农村五好家庭"。其事迹主要表现在三方面:

1. 承袭了父母勤俭持家、助人为乐、不怕苦累的家风。杨有库的父亲是一个土生土长的普通农民,有着农民与生俱来的朴实、勤劳、不怕艰苦的品性。杨有库也是如此，他为了村民能有一个好的生活环境，不怕苦、不怕累、不怕脏，毅然做起了别人都不愿做的淘粪工，并且全心全意地帮助村里劳动力衰弱的老年人干活。哪家地里要上肥，只要言语一声，他就会及时地把肥料送到地里，受到全村大多数村民的赞扬。

2. 成年后的杨有库娶了贤惠且勤劳的好妻子常聪苗。常聪苗知道丈夫所做的工作，她仅不嫌弃丈夫的工作不体面，反而全力支持丈夫的工作，而且在家里相夫教子、孝敬老人，同样做得非常出色，也得到村民的赞扬，她心里很高兴且有荣誉感，包揽了家务事，使丈夫能全心全意地投入村里的助老工作，成就了丈夫平凡中又伟大的梦想。

3. 重视教育下一代，杨有库悉心培养子女成为平凡中之人才。一般来说，人往高处走，家庭亦同样。家庭中能出文化人、能进城读大学、有好的工作，自然值得高兴。但如果能坚守平凡工作岗位、坚持代代做个好人，只要心里乐意，同样是一件幸福之事，不但别人会称赞，社会亦认可。虽说未能确定杨有库的子女今后是否会继承父业做淘粪工，但做个平凡的好人、有个好家庭，却是看得见的铁定事实。

这就是甘心奉献型家庭的好家风。

【引言】

乡村,一个让城里人遐想的地方,一个为国为民产出粮食和副食品及木材等生活必需品的地方。那里有山水相依的风光,有相对纯朴的民风和浓重且拗口的乡音,还有引领纯朴民风的乡绅。也就是说,除了纯粹的农民,还有耕读传家的现代新乡绅及其文化。这个群体,大致有本土崛起型、城乡转换型及北方士族南迁型三大种群。他们以乡村为根,边耕边读,不单一,但纯朴,既自在,又守本分,亦求上进。

无论是北方士族南迁或南方仕人在北方就职,都会产生文化交流、血缘融合、语音影响、观念碰撞、水土适应等多方面的渗透和融合,从而提高人口、家庭、社会、文化的素质。对于人类文明的进步有无可估量的贡献。为此,一般情况下,北方士族大举南迁,虽说可能是因为迁居者经受战乱的痛苦和灾难,但却促进了南方经济的发展,提高了南方社会的整体素质,也可能是中华文明的重心从北向南转移的结果。江南的农村有相当一部分人家系北方士族南迁的结晶。他们是乡村耕读传家的中坚力量。虽说不居多数,但却是"高层"。

第2节:耕读传家型家风

南方的乡村有一个有趣的现象,一是曾有两次大规模的北方士族南迁。另有两次外迁为"闯关东"和"湖广填四川"的移民潮。前者给南方带去财富、人才、技术和文化,后者带去的是巨大的人口和劳动力,从而改变了东北三省和四川的人口结构。就"耕读传家"这一话题而言,大多发生在江南的乡村。

耕读传家是中国乡绅文化的一个经典,也是儒学在农村的一种传统。有关耕读传家的话题，著名学者冯友兰说，不希望代代出翰林，只希望代代有一个秀才。因为代代出翰林是不可能的，而代代有个秀才，不仅可能，而且必要。就这样"耕读传家"在广大农村生了根，这种家庭成了一个类型。

（一）北方士族南迁型

我国幅员辽阔，大体以黄河作为南北的分界。在北方，由于地广人稀，气候寒冷，那里的人相对于南方显得更加勇毅、刚强、耐劳苦。由于人性有利益相争的一面，为此，古代的战争大多发生在北方，迫使那里的名门望族向南方迁移，这就是中国古代两次北方士族大举南迁。

大致在东汉至西晋时期为第一次北方士族人口南迁。近的迁至东南沿海一带的崇山峻岭的乡村安生，远的到达潮汕地区。这就给那里的农村带去不同的文化与习俗，以及财富、不同的姓氏等等，使原本不识几个大字的农村里有了文化人，而且是水平较高的文化人。晋代北方大族之一的谢氏家族，就近迁居到浙江温州的楠溪江一带安生。其中有谢灵运后裔在那里建鹤阳、鹤溪等村。他们在迁入地购置田地，雇人开垦，落地生根。

当北方战乱结束后，延至唐代科举考试恢复举行，这里的文化人家庭及其后代就在当地参加考试，成为世代耕读之家。早几年笔者在楠溪江、浦阳江一带的村庄行走，所见大多是北方士族南迁的后裔，他们在这里过着亦耕亦读的生活。当然就家庭文化来说，他们最讲究文化、门风。

例一：苍坡村为楠溪江中游的一个古村，为李姓血缘村落。那里的村民安贫乐道，大多亦耕亦读。有上进心且肯安心务农的李姓子孙，有一些因考上大学离开乡村，但多数在乡村坚守。笔者访问了两家，一家叫李修霞，在笔街开着一家小店。见到她时，她正在"串珠子"，大清早就开始串珠子，可见她的勤劳。另一个叫李晓亮，在耕作之余，还为旅客作导游，兼带踩"摩的"送客，年轻还非常热情。我问他为啥不到城里打工？他的回答出乎意料，"到城里去无非多挣几个钱，可是人生地不熟的，多不自在啊！况且房租那么贵，打工赚的钱有一半交了租金和吃食，何苦呢？"

这些李氏后裔守祖训，不贪图城市的繁华，不羡慕大城市的生活，追求自在和心的安宁，在当下的社会背景下，也算是一种传统家风的坚守。

例二：从河洛到潮汕。潮汕地处我国东南海隅，与大陆腹地有连绵数百公里的山岭阻隔，历代北方大地的战乱传到这里已是强弩之末，其南被波涛汹涌的台湾海峡和南海所拥抱，东西面也有群山环绕，这种山环水抱的地理环境和与外界隔绝的地理位置，在古代曾吸引一批又一批逃避战乱的中原门阀士族竞相迁入，被称为客家人。在客家人的乡村，每当风清月明之夜，常会听到孩子们传诵着一首童谣：月光光，秀才郎，骑白马，过莲塘……放条鲤嬷八尺长。鲤嬷头上撑灯盏，鲤嬷肚里做学堂。做个学堂四四方，兜张凳子写文章……反映的是乡村耕作之余的读书情景。

翻开一本本潮汕族谱，都可看到这样的字样：祖宗居河南光州固始、祖上居河北范阳、原籍长安京兆、居山西洪洞……这些人家原本位于黄河中上游的"河洛"（河套以东和洛阳）地区。在东汉时期，随着宗族宗法制度的完善，这个地方出现了一批有特权和地位的门阀士族，他们把持朝政、操纵皇帝的废立。然而，由于"河洛"地区在魏晋以前一直是华夏文明中心，是各路英雄逐鹿之地，战乱频繁。特别是西晋"永嘉之乱"，曾使中原陷入两三百年的动荡，这些门阀士族为对付动乱，纷纷以血缘为纽带、以宗族为中心建起"坞壁"以自卫。后来，随着战乱的加剧，这些门阀士族纷纷南迁,据史学家考证,当时南渡的士人约占全国人口的六分之一。

"不指南方誓不休",听说南方偏安一隅,有大江和崇山峻岭阻隔,少有兵氛,是人间乐土。带着对安定生活的渴望和对世外桃源的向往,这些"河佬"背起祖宗的神位,怀上一抔乡土,领着全家,穿过黄河,渡过长江,一路南奔而去。他们先迁至江淮和江浙一带,后又进入福建和江西。正如发源于河南卫辉市(原汲郡)的潮汕林氏先祖之一。唐代福建人林蕴在《林氏族谱序》中言:"今诸姓入闽,自永嘉始也。"唐末的林胥在《闽中记》也言:"永嘉之乱,中原士族林、黄、陈、郑四姓入闽。

士族的南迁带来文化的交流、财富的充实、人才的提升,使原本文化很少的农村,突然响起了读书声,并且逐渐传播开来。就这样,村庄里新开设了学堂。从此以后,儒家思想和读书求上进逐渐成为附近村庄的一种要求。大多数民间信仰中开始受儒家思想的影响。就家庭稳定、家庭文明等方面看问题,开启了新生活的一页。

(二)本土崛起型

耕读传家型家庭多数有城市文化人的背景。由于历代战乱,一些文化人家庭或厌恶官场腐败及社会的黑暗,从城市避向乡村扎根生活。他们有文化知识,经常教育子女要读书求上进。在科举时代走上仕途的不在少数。但在乡村中生活得太久,会跟不上时代,而且能进入仕途的毕竟为少数。因此有的人会改业外出经商,但将根留在村里,总体仍是耕读传家型家庭。

古代农民由于生计不宽裕,受教育的机会很少,原因是学校少,没有学校,谈不上读书,读书少见识亦少,缺乏文化就成了很自然的事，并不是农民的天赋不及城市人。

　　进入现当代，政府不但关心民生，更关心农民接受教学的问题，新中国建立之初，就在全国开展扫盲运动，规定不识字的农民都必须参加扫盲运动。为了提高农民的文化，国家制订了《九年制义务教学制度》，做到村村办学校，有村校、乡校（中心小学）、初中。硬性规定凡是适龄儿童都必须入学，而且免除学费。这就涌现出一批农村文化人，他们从大学毕业后，其中有些人回到农村创业，不仅顺利地走向富裕，而且提高了农村的整体文化素质。其中一部分人又分化成经济型家庭和文化型家庭。文化型人家成了另一种耕读传家型家庭，由于家长特别钟爱读书，要求并影响子女在农耕之余必须坚持读书，从而形成新的耕读传家的家风。如杨其凡家庭就是一个典型。

　　据《婚姻和家庭》杂志《和为贵，家业兴，400年家训代代传人》载。杨其凡是湖南省岳阳市云溪区八一村排楼组的村民，现年76岁，家庭世代以务农为主。妻子胡长珍，另有子女5人及孙辈等。2019年7月13日，全家齐聚，共有十九人之多。这是家庭常规性的聚会。用他的话来说"家有老，千般好，家有小，全家笑。"早先杨其凡家虽贫穷，除了耕作、巡山等日常劳动外，就是牢记不忘读书。

　　14岁那年，杨其凡的父亲去世，杨其凡的两个姐姐早已嫁人，母亲已60多岁，家庭重担落在少年杨其凡一个人身上。但他并不抱怨、不气馁，而是牢记《杨氏家族十训》中的两个"勤"，一是"勤劳生财，团结生义"，二是"黑发不知勤学早，白首方悔读书迟"。既勤劳于农活，更看重读书求上进。由于他注重文化和公益，之后被大队聘为记工员、会计，再后调至镇上任书记，退休前从镇书记岗位调至区财政局工作。由于他出色的工作及和顺的家风，很受群众欢迎。

退休后，杨其凡仍然回到村里安居，他说："我爱这里的青山绿水，更爱这里的乡邻。"杨其凡一家在 2017 年被评为全国"最美家庭"，2019 年杨其凡被评为湖南省首届"最美新乡贤"。杨其凡的一家，虽谈不上显贵，但可称之为平凡的耕读之家。

据"400 年家训""世代务农"可知，杨家得益于改革开放，成为新乡贤，晋升为本土崛起型耕读之家。

（三）因仕落户型

在古代，我国地方官员须管理税赋、考试、灾害、奖惩、盗匪等民间事务，即民事和刑事等方面的事务和案件一把抓。由于权力集中在县太爷手里，为了防止弊端，朝廷往往规定不能在住所地任职。这种异地任职的制度，对于以权谋私、损公利己等劣行有预防作用。

官员异地任职（包括县官、教授等职）通常会带上一两个家眷，以照顾生活起居，虽说住在"官邸"，但因公务或在公务之余，到附近风景好的地方走走，产生流连忘返之意，亦属常情。官员在卸任或致仕后，有的回到家乡，有的在任职地附近看到中意的地方，就在那里置产安家。他们亦读亦耕，成为另一类耕读传家型家庭，如南宋理学家朱熹的一支后裔朱照（朱熹第五世孙）跟随出任衢州通判的父亲朱楫，拜当地硕儒徐霖为师。徐霖十分赏识朱照，将自己的女儿许配给勤学、聪慧的朱照。就这样，朱照在徐霖居住的经坂村（今华墅乡金坂村）置了田屋两产，定居下来，时在南宋宝祐三年，门前贴有"耕读传家躬行久，诗书继世雅韵长"的对联。

朱照定居下来后，不免要到附近走走。他在乌石山下行走时，发觉这里的山水特别好，就从经板村迁往乌石山下筑屋居住，随着子孙的增多,逐渐形成村庄,故取名园林村。

由于该村为文化名人后裔所建,故建有宗祠和义塾,村民遵循"子孙虽愚,经书不可不读"的祖训,凡朱氏子孙必须入学读书。至民国初年,该村是全县最早办新式小学的村庄之一,迄今仍然奉行耕读传家的宗旨。因仕落户型家庭,自古及今,不在少数。

因仕落户型家庭,由于大多有较高的文化素养,所建立的村庄和家庭,除家风较好外,大致有以下一些特点:

1. 他们所居之地一定是风光秀丽之地。如上述,朱照在衢州任职时,看中了邻近的村庄,致仕后就在当地置产并繁衍子孙。当年没有村名,后来根据宗谱上载有"乌石山连绵而来,有园若林……",取其"园"和"林"两字,现名"园林村"。

2. 他们所选之地,必然是他们眼中的风水宝地。古代的文化人家庭,大多信风水之学,即使不是真正相信风水,也认为姑妄信之,又有何损。如武义县俞源乡俞源村。始迁祖为明朝的文化名人俞义。他随父亲俞德在松阳县任县学教谕。一次他回家乡杭州,途经俞源村(当年叫"朱源村",后因俞姓迁入并发展才改称"俞源村"),在此停留时,他感觉这里山抱水环,环境太迷人了。其父致仕后就选择在此地安家,经数代繁衍,人丁较旺,成了村庄,由于大多为俞姓,取名"俞源村"。

3. 他们因故滞留或在归途中看中的村庄,会停留并在此繁衍后代,如孔子南宗的后裔孔端友,他因避金兵入侵,随皇室南迁,本拟到浙江衢州与其兄长一家会合,但途中患病,竟不治身亡。当时天气炎热,不可能带棺往衢州。不得不就地安葬,又见当地(樨溪村)山水风光很好,就在当地安家,成了孔子南宗的另一分支。这就给当地带来了文化因素,这个村从此开始走出文盲之乡。就乡风、家风来说,都有了明显的变化。

（四）试析农村家风建设的基础

中国经历两千多年的封建制度。在农村主要依靠乡绅文化的统治，一些"村规乡约"大多出自所在地文化人之手，必然会掺入在乡文化人之意志。为此，认识乡绅文化是认识农村家庭组织和乡村风气和家风的重要的环节，那么乡村家风建设有哪些特点呢？

1. 乡绅以经济实力影响乡风和家风。在江苏省苏州市吴中区金庭镇明月湾村，早先村里住的都是没有文化甚至目不识丁的村民，以捕鱼、种植为生。但从北方士族大举南迁时起，村里迁入了许多大户人家，他们大多有文化，走仕途或经商，有经济实力。在明月湾村定居后，给村里带来了新鲜元素。也使这个村受惠不少。

有段时间，南方也不安宁，常有强盗出没，俗称"太湖强盗"。三五人一股，除抢劫经过太湖的客商外，亦于夜晚时在各村进行抢劫。在翻墙入室后，控制住人口后，抢劫钱财后扬长而去。

为了防止太湖强盗，村民集合后商定实行巡夜制度，在强盗登岸前，立即鸣锣为号，村里的青壮年就集合起来抵御太湖强盗，效果很好。不过，因为村民也有夜归的，由于没有灯照明，常会迷失方向，就由村里的四家大户人家出资立旗杆、点桅灯，解决了村民夜归的难题。

由于这些大户人家给村里带来实惠，从而在村里产生了较大的影响力。这些大户人家爱读书，村里的农民亦慢慢开化，有的农民开始走耕读之路。之后，该村逐步发展成旅游之村。

2. 乡绅以文化引导乡风和家风。苏州辖的陆巷村，有崇武风俗，逢年节日要祭拜武神，追根溯源，系村庄邻近太湖，太湖旧时常有强盗出没。为了抵御强盗，村里创办团练式武装，因此留下敬武将风俗，这举措亦系北方士族南迁后所建。

3. 以读书带动村庄讲究孝道。儒家文化向来注重孝道，通过诵读经典、兴办祠堂、祭祀祖先、救济孤老等一系列活动，传承和发扬孝道文化，在一些农村亦较多见。以上为耕读传家型农村家庭的一般情况。

【引言】

　　新中国成立后，农村的面貌和农民的生活虽说经历了一些曲折，但总的说起来，有了翻天覆地的变化。进入二十一世纪后，农村的使命已经从单纯生产粮食，转变为"农林牧副渔"齐头并进之势，而且发展了观光业、休闲业，进一步向规模化农业发展。农村的面貌从晚清时的遍地茅草房，到民国时期的泥墙简易房，再到习近平新时代的新型农居房。农村除了不再有泥墙茅草房外，还在改善住房的条件下，有了"民宿"这一新生事物，出租给游客，即使城市人到乡村换一种生活、相互交流文化，又增加了农村的经济收入。

　　有人说，今天的农民不再像农民，衣食住行都可以和城市人比较。衣，和城市人基本相同，食的条件可能比城市人略逊，但有蔬菜比较新鲜这一优势，总体讲并不低于城市，住的条件亦都是砖瓦结构楼房，虽说室内装潢相对不如城里家庭讲究，但落地面积肯定要比城市人家大许多。这是专指阳宅，阴宅方面城里人家无法和农村人相比。现行的情况是：东南沿海农村家庭大多自备小车，至少家家自备电动车。总之一言，生活质量并不比城市人差。这说明改革开放以来，我国确实取得巨大成绩。

第3节：上行型家风

　　我国的农村被称为第一产业的原生地。是的，农业是国家最基础的产业，是第一产业，因为"民以食为天"。哪个国家、哪个城市能够不依靠农业养活？工业与农业相比较，一是产生的时间顺序不同，二是基础和科技进步和成果，被称为第二产业，至于以服务为主的产业，被称为第三产业。这是人类社会文明进步后的分类法。

农业的重要性,在于每个人的生存中都离不开农业产品,都得依靠农村。农业和农民可谓贡献大矣。再就是新中国革命的成功,也大多是农民贡献的力量;不少开国将军、革命军人来自农村。

然而,在过去,农村的生活水平都比较低,直到二十一世纪,农村的生活水平才有了显著的改善、提高。随着现代化步伐的加快,现在农村的生活水平得到进一步的提高,他们除了有土地使用权外,国家开始提供一定数额的养老金。生活水平已经和中小城市不相上下。本小节要说的是:农村上行式家庭的面貌和变化,大多指向先富起来的农民家庭。

(一)家庭上行标志和类型

家庭上行,一般指全家成员具有蓬勃发展的气象,在策略、方法上,不再单纯依靠种植粮食、依靠体力劳动,而改变为智慧型的多种选择,经过奋斗、拼搏,并辅以合理的节约,从而创业或致富成功;也指向一部分农村家庭,除了经营谷物、养殖、林业等本业外,兼有相当的文化,使家庭上行具有持续性。就其类型而言,大致有以下几类:

1. 新型养殖业且具有规模化生产。随着国家惠农政策的普及和扶贫项目的推广,传统养殖业开始向规模化、专业化、智能化转变,在养殖模式上也由原来的单一型向复合型、立体型、三产融合型转化。例如某鱼塘在养鱼的同时,还在鱼塘底部种植水草,这样既可以为鱼提供食物,又可以增加水体的氧气含量;再如某养猪场在猪舍附近增建沼气池,将猪的排泄物转化为沼气用于生活能源……这种复合型养殖模式,充分利用了资源,增加了农民收入。近年来，环保和可持续发展已成为全球的共同议题，养殖业也开始向绿色养殖、规模养殖转化，强调在养殖过程中减少对环境的污染和破坏，实现养殖业的可持续发展。具体包括使用环保饲料、减少养殖废弃物排放、利用可再生能源等措施。

2. 改进型种植业并取得成效。随着城市生活水平的提高，人们对水果的需求增强，而普通水果和特种水果的性价比有很大差别，改良水果品种，提高其营养价值、增强口感味道，水果的价值就会得到提升。由于农村人口文化水平的提高和进城务工获得的新信息及新资源，开始在农村掀起种植蓝莓等高品质水果的热潮，成为致富的一条途径。这类事例很多，不胜枚举，此处不赘。

3. 家庭加工业。吸收本村劳动力参与，小有规模，从而使家庭经济收入得到提升。如宁海县辖的清潭村，村长张士军系退伍军人，他在部队时随军走南闯北，长了见识，学了技术，回村后开办小型加工厂，吸纳本村五个劳动力为温州加工机床配件，得到不菲的收益，并带动村里其他经济的发展。

张士军作为农民，有勤劳、质朴、助人为乐的基本品性；作为村长，除了有上进之心外，更有帮助村民共同致富的责任。虽说清潭村在国内谈不上名气，但旅游资源丰富。那天，笔者在村里考察采风，晚餐时得知村里有一处黄石畈的，传说是黄石公给张良赠书后的隐居之处。虽说第二天早上笔者要离开，但笔者很想去实地察看，因有些路程，且晚间行路有些不便，张村长就自备车送我及陪同人员前往考察，充分显示他有将集体利益放在第一位的品德和好家风。

进入习近平新时代后，人民的生活水平日益提高，新生事物层出不穷，农村经济和农村家庭均呈上行之势。

（二）家庭上行，家风跟进

发展新型农业并不是一件容易的事，必须同时具有产业的新颖、产品的优质、营销的渠道畅通及产品的多种用途等特征。这种综合要求，不仅要求创业者有一定的文化，还必须到过外面看世界并且能够掌握它。新一代农民中的一部分靠着改革开放的时机，在进入城市读大学、做工匠之际，大多增长了见识，知道世界在不断地更新技术和产品，他们不仅赚了钱，而且学习到多方面的知识并应用到实际。

以下就是一个典型事例。

李菲，女，29岁，合阳县洽川镇南义村人，高中文化。她在毕业后曾独自前往省城打拼，在繁华的大都市里，见识过物质的富庶和精神的进取，开阔了视野，更新了理念，打开了思路，学会了商业流通的基本知识，熟练地掌握计算机技术和网店营销技巧。她根据新形势，设想并发展特色产业，开始这方面的设想并进行实践——回乡创办结合精品农业、景观农业、创意农业的洽川"妇"字号农业种植基地。

她选择的基地位于洽川镇沿黄大道与合吴浮桥路交汇处，属洽川现代农业园区设施农业观赏区，将农业与观光、休闲、采摘相结合，打造精品农业、景观农业、创意农业。基地目前投资50万元，流转土地60亩，新建日光温室10个，硬化道路160米，完善水电配套设施。基地由农业大户牵头，种植的蔬菜均引用神泉瀵水浇灌，从生产到加工的诸多环节均由劳动妇女纯手工完成，禁止使用人工合成农药、化肥、防腐剂、生长调节剂、转基因等合成物质，有效解决了果蔬食品安全问题，吃起来更放心，菜味更浓。随后她将在县城设立健康、营养的洽川无公害农产品销售点，并在各大超市设立销售专柜。目前，正在申请电子商务平台运作之中。该基地在筹建发展过程中充分发挥新时期女性吃苦耐劳的优良品质，目前有10名妇女在基地劳作，占基地工作人员的65%以上，是名副其实的"妇"字号种植示范基地。

2012年，李菲回村创业，参与组建洽川葫芦种植合作社，说服并带动妇女种植葫芦，积极入社，利用农村剩余劳动力从事葫芦种植、除草等田间管理工作，使本村妇女能立足本土，既发展特色农业，又能照顾家务。2014至2015年，她筹划举办了两期葫芦工艺品制作培训班，鼓励村民利用农闲时节学习制作葫芦工艺灯，掌握一技之长，发展庭院经济，先后培训人数500余人次，受到了当地政府的奖励。同时，免费培训吸收多名残疾人学徒，给他们提供自食其力的工作机会，为社会与家庭减轻负担，并将帮残助残成为合作社的一种理念和常态，受到了残疾人的欢迎。

2015年，她还参加了合阳县农广校新型职业农民课程培训学习，系统地学习农业企业创办的基础知识、农产品营销基本知识与技巧和现代信息技术应用等课程，并到外地实地考察，学习特色农业发展经营的先进经验，探索发展自己的品牌，成为一个懂得网络销售和实体营销的新型职业农民。李菲作为一个新型职业农民，她不仅具备一定的职业道德，还充分利用市场的营销手段，关注国家的农业政策及相关的法律法规，不断提高市场信息采集与分析能力，建立客户与谈判定约的能力。在她的带动下，已经有30多户村民走上了发展特色农业致富的道路，合作社产品远销全国各地。2015年冬，陕西省政府将合作社的葫芦艺术品作为陕西文化的代表赠送给国际友人；合作社的产品还多次参加"西洽会""农高会""文博会""旅博会"等展会，并多次获奖，为合阳争得荣誉，为渭南旅游做出了贡献。

农村发展了，家庭小康了，那么在农村的家风建设如何了呢？应该说，家风是随着时代前进的步伐，亦在一步步跟进，具体表现为以下一些特征：

第一，从乡风到家风，全村提倡孝道，为树立家乡的家庭敬老风气开了先河，是以家风影响乡风的标志性事例，反过来，乡风亦提升了家风。

第二，一家倡导文明，影响邻居、辐射全村，在固有淳朴乡风的基础上，增加了积极向上的乡风，形成全村奔小康、共同富裕的乡风。

第三，以女性为主力军的观光农业，具有比较明显的特色，既能吸引家乡的妇女参加，亦得到城市里妇女的欢迎，显示出较强的生命力。

（三）家庭上行，慎防滑铁卢

在民间，向来有"富不过三代"之说，另又有"君子之泽，五世而斩"的说法。这些都是经验性的总结之言或智者的慧思之结晶，值得我们借鉴、参考。

富了，生活改善了，创业精神容易松弛，松一口气的思想亦会产生。那么挣的这些钱做什么用呢？总得花掉，过去创业时的勤俭与节约不再奉行，而是只顾花钱，这大多数从第二代开始，并形成习惯，"创业时靠简朴，功成之后换名牌"。故而有"创业难，守业更难"的说法。那么"守成更难"，难在何处呢？现代社会又以什么形式表现的呢？

其一，家庭中致富的第一代为创业者，他们吃过苦，虽说创业成功后应该享受一下，但多数人已经形成节俭的习惯，很难改变，为此只有其中的少数人会大手大脚地消费。所以家庭中致富的第一代大多能守业成功。

但也有少数第一代人，欲望特别强烈，或者对赌博之类的警惕不够，在赌场中失手，那也算是早一点的"富不过三代"。关于"守成更难"，一般来说指人有对新鲜的欲求，长期从事某一种工作或事业会产生疲沓感，这要求的是对事业的坚守。某些创业成功者向文化人家转变，道理是一样的。

其二，从家庭的第二代开始，是"富不过三代"说法中最关键的一代。因为他们未经历过创业之艰辛，只知家里有钱了，为什么不花呢，更因为年轻时欲望容易扩张，对社会上各种消费都想尝试一下，可能会进入高消费阶层，久而久之，花钱大手大脚。

其三，更有一些成功者在创业过程中，或交友不慎，或德不配位，与不良嗜好沾上关系，有的花天酒地，有的参与赌博，最后将家产败光的，亦不是个例。有了相当的财富或创业成就，一定要有相匹配的好教育与品德：向善、求知、助人，只有有了好的家风，才能使事业长久、人生快乐。

第四章　家风与家教

【引言】

家教与家风是两个既连接又交叉的概念，一个有形式、有可见性，分别有施教者与受教者；一个无外在形式，但可以明显感觉到它的存在。一个有明显的目的性和内容；一个只在无形中"感染"家人，并影响他们的行动。一个较普遍地存在于城市家庭，且施教者大多为学校课程的弥补；一个虽说普遍存在于城乡，但与学校教学关系不密切。

就连接关系而言，家教进行在前，有显性；家风形成在后，呈隐形，家教与家风是因与果的关系。应该说，家教是手段，好家风才是目的。多数情况下，好的家庭教育会结出好的家风果实。但由于人的生存并不限在家庭内部，为此，家教对于家风的形成，并不一定成正比。再就交叉关系而言，家教可以有自然科学方面的内容，而家风大多指向道德、品行、修养、思想等文史哲方面的成果。

家教的形式有口头的、书面的和影响的三种；家庭补课亦是家教的一种，但其中自然科学方面的内容与家风关系不大。书面形式的家教大多以"家规""家范""家诫""家书""家法"等形式存在于城乡家庭之间，与好家风有较为密切的关系。

第1节：家教是家风的前奏

在古代中国，家庭教学比较普遍地存于每个家庭中，无论是贫困家庭或富裕家庭，这是因为古代中国学校很少，无法供所有家庭的青少年读书，仅有的宗学是供皇室子弟读书之用；书院一级，有官方和民间两种。官方的书院是培养高级人才之处，但须有相当文化功底的文化人才能入学或经府学考试选出的优秀秀才才能入学；执教者须是有名望的名士，一般称为"山长"。府学一级设教授一职，但不实际授学，属于执教学官性质，行考试选拔之职。县学是古代基础一级实际办学机构，是古代社会最基本的学习单元，设教谕一职，入学须有秀才资格，而秀才资格须经过正式考试，合格者才能进入县学学习。秀才是官方承认的读书人。

一般来说，古代的普通人或读书人，大多经过家庭教学过程，或自习，或由父叔伯姨等执教，当他们具有一定的生活技能和文化基础及写作能力后，才走向社会或者参加县学考试，私塾或义塾亦为常见的学习形式。

以上是古代"学校"教学和家庭教育的概况。以下先谈谈现代家庭教育的后半段——常规所说的家教。

当代城市有一道"美丽"的风景：家教，它的形式是补习功课、培养孩子的兴趣（班）、让孩子参与各种各样的夏令营活动等等。至于送孩子进正规学校，虽说是广义的社会教学，不属于家庭教育之列，但其实质和家教有关，都是为了让孩子向好的方向顺利成长，是培养好家风的需要。

当代的家教，且不论其目的性，单就愿望而言，是培养孩子的兴趣和竞争力，是家庭要求向上流动，是爱的一种形式，亦是好家风的标志之一。

（一）阶段性家教和家风

一个人从出生到终老，大致经历婴幼儿、青少年、中年、老年前期和老年后期五个大阶段。一般来说婴幼儿时期在七岁之前，是家庭成长期；青少年时间段从七岁开始至大学毕业，是接受社会教育的黄金时期；中年阶段在社会上摸爬滚打，在家庭内部养老扶幼，是人向社会和家庭作出的贡献；老年前期大多五六十岁，以现今的医疗和卫生条件，大多还很健康，但因已离开主流社会，与社会交流的范围开始缩小，应该为养老作准备；老年后期大致从七十至七十五周岁开始，进入人生真正的养老期，但仍然有家教和家风问题。

1. 婴幼儿阶段的家教和家风。

这个阶段的家教，虽说以学语言、学站立、学走路、学认识事物、学基本规矩、学基本礼仪等为主，且在家庭范围内进行，除了少数亲友、邻居的影响外，基本上是全封闭式的。就婴幼儿来说，出生后的七天，尚未接受外界信息，其心灵是纯洁的，称为赤子之心。之后才是一个小生灵人生的开始。这个阶段有以下几个特点：

(1)父母起主导作用，其教育过程是单向性质的，尤其是母亲，对孩子的影响巨大，而同时收获儿女的亲情。

(2)是爱的传递的教育。当一对年轻的父母对一个亲生的孩子进行施教时，同时培育并且增长了亲情，这种亲情是双向性质的。每个孩子在受到委屈或需要帮助时，都会自发地叫唤"爸爸"或"妈妈"。

(3)是成人教育的最初始阶段。洛克说，孩子出生时是一张白纸。意思是：今后的人生由他自己去"画"。其实这个说法并不完整。依笔者看来，应该是这样的：每个孩子出生时并不是一张白纸，它同时带来了智慧和性格、音质和画感、身材和力量、善恶秉性的比例等先天因素。由于孩子先天禀赋的不同，会影响家庭教育的成功概率、培养路径等。作为家长，要善于发现孩子的先天优势，给予积极引导，但切忌揠苗助长。

2. 青少年阶段的家教和家风。

这个阶段，孩子开始走向社会，但还是小社会或半社会化。即学校教学的九年义务教育，占去了孩子大半的时间。虽说仍然有家庭教育的影响，但主要转向学校教育，开始关于马克思主义思想、辩证唯物主义世界观的教学，另加自然科学方面的知识，这些都是家庭教育所没有的，或家庭教育中仅有补充性质的。有不少家庭的孩子，在接受学校教育的影响下，会和原有的家庭教育相冲突，而且形成新的观点。如一个基督教家庭的孩子，从小受家长的影响，开始信教，但在学校教育的影响下，开始对宗教产生怀疑。

3. 中青年阶段的家教和家风。

青年一般以二十五岁为上限。在这个年龄段，绝大多数男女会产生爱情与婚姻。当两个来自不同家庭、不同思想文化的青年走到一起时，两种不同的文化背景既开始融合，又会发生碰撞。一般在相亲和恋爱阶段，以融合为多见——为了取悦双方，但在结婚以后，常会回到原来的生活习惯，容易发生碰撞，但这也是磨合的过程。从家教的角度看新婚夫妻的文化和性格磨合，主要在于自我修炼，以读书明理、自我修养为正途，也可请高人或婚姻咨询师"指点"，往往有"旁观者清"的神奇效果。无论是自我提高，还是请高人指点，都是家庭教育的一种，也是建立新家风的开始。

进入中青年后期，人们大多投身事业，或参加工作，或自己创业，加上有了子女，以及父母日见衰老，以四十岁左右为例，无论是男方或女方，都会承担三方面的任务：一是工作相对繁重的压力，二是孩子的求学或就业，三是父母因年老体弱需要奉养和照料。即家庭教育的任务很重，好家风大多在此阶段于无意识中形成。

4. 老年前期阶段的家教和家风。

老年前期一般从五十五岁起至六十五岁，大致有十年或十五年的时间过渡到老年生活的后期，即普通人刚退休时。这时，大多数老年人的身体还可以。如果处理得好,应该是人生的第三个黄金时期。这个时期,既要享受生活,又要为树立好家风做工作。因为这个时期的人生阅历丰富,生活体会很深刻,是总结人生的大好时光。历史上许多名家的家训、家范、家规的制订,大多在这个时期完成;或者说,修订祖传下来的家范,可以在这个阶段完成。如"江南第一家"第五代后裔郑绮修订《郑氏家范》就是在六十岁之后修订的,说明这个时期的人生经验很丰富。

5. 老年后期阶段的家教和家风。

一般情况下,老年生活的后期,以年龄论,大致从七十五岁至八十岁开始。这时,人们的体力、脑力开始逐年减退,身体素质一天不如一天。会有各种老年疾病产生,有的人乃至生活不能自理。

有资料显示,中国已进入高度老龄化的社会。大多老年人单独居住,子女不在身边。这就引起了在家养老的人如何接受新教育以便跟上时代步伐的问题。关于这方面情况,放到以后的章节中讲。

(二)与家风有关的家教

德育教育是家风教育的核心。

有人说,让子女达到成才的目标,是家庭教育的成功和原旨。又有人说,家庭教育的核心是爱的传递,只有在爱的教育的基础上,才能谈到家庭教育成才的原旨。还有人说,家庭教育主要是"成人"的教育,"成人"的教育比成才的教育更重要。以上种种说法,都有它的依据和道理。以下且让我们从家庭教育的原旨谈谈哪一种说法更符合实际。

从本质上讲,家庭教育是爱的教育,是大自然在塑造人类这

113

一群体时，为了让人类生生不息、代代繁衍、从野蛮逐渐走向文明的一种安排——爱和被爱的教育。

大自然在安排这种爱的时候，设置了一些程序，其中之一是"血缘之爱"。

"血缘之爱"被通俗地称为血亲、亲人，当一个孩子"呱呱坠地"时，母亲知道这个小生命是自己的一部分，而且会以另一种方式成长，其成就或者成绩会超过自己，为此，产生喜悦、希望和爱是很自然的事。作为父亲亦然。虽说没有母亲来得直接，但产生"血缘之爱"是一样的。

不过这个小生命是质量不尽相同的"白纸"，需要父母或其他人的教育，学语言、学站立、学走路等一切人类生存的基本功都要从家庭开始教，这就是最原始的家庭教育，也可以说是爱的家庭教育，是好家风的一种呈现。

其中之二是个体有私。

正确的家庭教育必须认识到人性有私的一面。《三字经》中有"人之初，性本善"之说，意思是人性中有善良的一面，是从正面、鼓励、宣扬的角度阐述人性，是以教育为目标的评述。荀子又有"人之初，性本恶"的说辞，这话亦没有错，是对人性的丑陋行径的一种评判。是的，人性既有善良的一面，同时亦有丑陋的一面。人性总是在善良与丑陋两者之间游离。所以说"人之初，性本私"比较合适。就家庭教育而言，只要这个"私"有度、合理，都是可以的。再如我们在家中对孩子进行鼓励教育，本质上讲也是迎合孩子的私心。所以"私"并不可怕，也不是坏东西。

"血缘之爱"的另一种形式是逆向性，主要指家庭中对老年人的爱。一般情况下，子女对老年父母的爱，会呈"减量性"，所以民间有"养小日日鲜，养老日日嫌"的俚语。这是自然属性——个体之私的一种反映，不能苛责其为"不孝"。

其中之三是群体有别。

每个家庭对孩子的施教方法、爱的方式,会因当事家长的不同素质而产生差异。有的以慈爱为主旨,有的严格要求,有的比较宽容等。总之,不同家庭即不同群体的家庭,无论是启蒙时期的"主教"或孩子成年后的"辅教",以及对老人的反哺家教,都应该知道其区别,家教不尽相同。

这就是原始的家庭教育。至于家庭教育的方法、内容、注意事项等等,都是从这一原始的爱派生出来。

(三)与家风关系不大的家教

现在社会上进行的家庭教育,大多为补课性质的教育,而且补的大多是数学、物理、化学和英语。可以这样说,这些补课,与家风的好坏的关系不大。相反,功利性却很明显——为孩子升学做工作。由于补课大多在家庭范围内进行,亦作为家教的一部分叙述。

1. 补课的种类。上文已经说了,主要是数理化和英语的补课。大致有以下几种说辞:

(1)目标:提高孩子在年级的排名。一般排名在班级成绩第十名以后者才会考虑请家教。

(2)课程:以数学和英语两课为多数。笔者询问过三位专职补课的老师,以十个补课学生来说,七个补习数学,两个补习英语,不足一人兼补物理和化学。

(3)费用:以杭州为例,一般每小时一百五十元,邻近县城或县级市,大多在每小时五十元至一百元,甚至更低。

(4)参加人员:从小学一年级开始至初中三年级为多见。高中阶段的学生补课较少见;职业高中生补课的极少。

(5)家长的文化水平大多偏低，在初中以下的居多数。有的家长文化程度虽在高中及以上，但或因年久遗忘，或因工作忙碌抽不出时间，故只好请家教。

(6)另有一种培训班性质的课外兴趣班，如围棋、象棋、美术、器乐、舞蹈、游泳等。总之，想让自己的孩子今后成名成家，拿冠军、出风头，是成才教学的一种。

以上种种家庭教育，只是提高分数或技能。这种提高竞争力的措施，与道德品质、人格修养等关系不密切，与家风的关系不大，乃至相反。如不少家长告诫孩子"好好学，长大以后拿第一"。这实际上是功利教育，偏离培养好家风的方向。因为好家风须建立在道德和品行的高地上。因此，笔者奉劝家长们要更关心德育方面的"补课"。

（四）两难式家教

要想有好家风，必须先有好家教——这里的家教指家长对未成年子女的口头教育。一般来说，家教都应该是正面的教育，但是，完全的正面教育，有时会产生副作用，试以孩子在幼儿园上学时的遭遇说事。

2017年某媒体报道，四川乐山市吴萍（化名）的儿子小浩，在乐山某幼儿园上中班，一天，小浩回家后告诉她，他在幼儿园与小朋友争抢滑梯时，被其他小朋友打了。

在孩子哭诉时，他的爷爷高声说："你应该打回去啊！""你不还手，人家以后还要欺侮你！"听到这话，吴萍错愕了。她想，我们不是教育孩子要与小朋友和睦相处吗？如果教育孩子应该打回去，做到不吃亏，那么这个家庭还会有好家风吗？

当"孩子被欺侮"的事发到几个微信群后，反映并不一致，有的认为，应该告诉老师，相信老师会妥善处理；有的认为，应该打回来，不能让自己的孩子吃亏。更有的家长选择沉默，无话可说。

以上的不同见解是正常现象，因为每个人的认识点各不相同。但之后该幼儿园的一次问卷调查结果却值得深思，据回收的问卷数据，家长主张打回去的占 60%，另有 25%主张退让——以后不要和这个小朋友玩了，还有 15%的家长不知该如何回答。这是否反映出一种社会情绪，至于打回去有什么后果，很难预见。那么究竟应该怎么教育孩子？就家庭教育和家风来说，对此事件的处理属于两难状态。

每个孩子有性格的不同，也有品质的不同，有的孩子个性强，乃至有点横，认为被对方打了就是吃亏，必须打回去。例如对方打了你一拳，你必须打对方两拳才算赢，否则就是吃亏——不做吃亏事。

更有些孩子，家庭背景不一样，有的孩子有高人一等的思想，网上流行语"我爸是李刚"即为反映之一。这就有在被欺侮时该如何对待问题。

教育孩子要与同学和睦相处，是好家风的些许体现，或者说是好家风的开始。不过，总的说应该从树立正确的生活观出发，在面对被欺侮的情况下，应该教育孩子选择告诉老师为上，这才是正确的导向。至于老师是否能合情合理处理，那是另一回事。相信社会有正义感，有同情心的总是多数。

（五）家教与家风综说

从以上四个小节的叙述来看，我们大体可以知道家庭教育对家风具有强大的引导作用。家庭教育与社会教育相比较，它又是弱小的，有时显得无能为力。试以第一章第1节《从林长民婉拒徐志摩求婚谈家风》有关事例说事：

1. 对照"家风是家庭的一种格局"，有大格局，亦有小格局，就林长民婉拒徐志摩求婚来说，林家有大格局家风。因为如果林家答应了徐志摩的求婚，虽说可能成全了徐志摩的爱情之梦，但对林家来说，却失去了自家的格局。

2. 再以于连荣一家升国旗来说，于连荣家有此好家风，除了当年的机缘外，与"为升国旗立家规"有关，从每逢重大节日全家肃立举行升国旗仪式中，显示出爱国、爱党、爱劳动的好家风，说明立家规是树立好家风的一种途径。

总之一言，好家风部分来源于好家教、对生活的体验和感情，小部分源于先天禀赋。

【引言】

家业就是家庭的事业，是一个家庭的根基，大抵相当于家庭"生命线"这个概念，例如话剧剧本《雷雨》中的周朴园家，家中有矿山和其他公司，是这个家庭的经济命脉，也就是周家的家业，至于公馆，只是居家使用。不少家庭都有事业，或大或小，或显或隐。当这个家庭事业有成时，可能拥有一定规模的企事业、相当的财富及品牌，或有"独门绝活"。可能是某一代个人研究和奋斗的成果，也可能是机缘天赐或勤劳奋斗的结果。其中有财富型、技术型、事业型、品牌型等。中国历史上云南白药的发明，曾经经过好几代人的探索，才取得配方的完善和成功，也可称为家业。

单就云南白药而论，将这类秘方公开出来，奉献给社会，是一种途径和境界；将这种秘方保存起来，不外传，但也不失传，也是一种保留技术成果的途径。我们且称之为"类专利技术"吧，对国家和社会也是一种奉献，这也符合社会的道德准则。清代有一位名医，接病人治一个好一个，被誉为神医。有人劝他将心得和处方著成医书传世，但他拒绝了。说："中医治病，下药轻重是关键之一，如果著成书，后人照搬，反而误事乃至害人。"这也是一种事业的传承。

社会上还有一种宫廷秘方之说，这不太靠谱，因为进入皇宫的处方，已经半社会化了，很难再有家传秘方的可靠性。为此我们可以这样说，现今流行于社会上的宫廷秘方，大多是商业噱头，不可靠的成分居多。

第 2 节：家业与家风

本小节主要讨论的是技术和创新型的家业传承，还包括名人效应的传承，因为这些也是财富。

民间向来有"传媳不传女"之说。这句话一方面反映古代社会以男性为中心的主干家庭的传承链，也就是说，一个家庭的"香火"是以男子为中心，女儿出嫁后，就不是自己家的人了。因此，家庭中拥有的独门技艺，有子的传给儿子，当儿子的智慧不够接受传承的话，就传给媳妇——也就意味着传给孙子；当儿子因意外亡故，但孙子年幼无知时，也传给媳妇。这种传承，主要反映在医学技术的"秘方"、独门技术"专利"方面。这种传承，既是家业，亦是旧时代的特殊家风。

以下我们且看些实例。

（一）医药世家的家业及家风

2011 年 7 月 2 日下午，在杭州滨江区的一个住宅小区内，一个 2 岁女童突然从 10 楼坠落。恰巧阿里巴巴的员工吴菊萍在楼下，见状后，奋不顾身地冲过去用双手接住了孩子。小女孩得救了，但是由于高空坠人的强大冲击力，吴菊萍的双臂毫无悬念地齐齐骨折！这位不顾自己安危、舍己救人的"最美妈妈"，经媒体报道后，引起了省、市领导和全市人民的关心和爱戴，一时间吴菊萍成了大英雄。

救人受重伤，毫无疑问应该得到最好的救治及护理。一般方案是动手术接骨，用钢钉固定，待伤口愈合、断骨接上后，再开刀取出钢钉，并再次缝合。如何让吴菊萍减少痛苦并节省治疗时间，另有一个简单的办法是请中医"摸骨接骨"。这种疗法的好处是不用开刀，一次完成接骨后进行固定，时间短，痛苦小，还节省费用。但由于中医骨科多来自于家族传承，要找到一个医术高、口碑好的医生并非易事。这时富阳张氏骨伤科闻讯后主动请战，表示愿意为吴菊萍治疗。由于张氏骨伤科的医术在当地有口皆碑，经市领导和家属及本人同意，决定让他们做这个手术。之后的接骨很成功，与西医开刀接骨的效果一致。病人、家属、单位和领导都很满意。

那么富阳张氏骨伤科为什么敢于挑起这副重担呢？主要依靠家传的接骨医术，也就是张氏的技术家业，而接骨技术又来源于对医术严谨的家风。笔者有一位朋友跟张氏骨伤科很熟悉，据他介绍，张家祖传接骨技术已历多代，每一代从小孩子开始，都要练习接骨手术，即摸骨、接骨。这就有三大天然优势：

其一，由于世代接骨，在先天禀赋方面有内在的遗传因素延续至下一代，利于成为良医、名医。

其二，从小手把手教学，手感技术与年龄同步增长，更容易培养高超的技术，不但原技术得以传承，而且可能有新突破。

其三，俗有"艺高人胆大"之说，由于张氏骨伤科有十分的把握，所以才敢向家属、本人及市领导请战。目标很明确：让大英雄吴菊萍少受痛苦，并取得超过西医的好效果。

本小节讲的是家业。上述张氏骨伤科家业，属于技术型的家业，它与家风的关系是：不放弃中华传统医学，不忘记医者仁心的原则，从小开始就恪守从严学技术的家风。

（二）范氏天一阁藏书谈家风

天一阁是在东明书屋的基础上扩建而成的，位于浙江省宁波市海曙区，建于明朝中期，由当时退隐的明朝兵部右侍郎范钦出资并主持建造，占地面积2.6万平方米，已有400多年的历史，是我国私家藏书文化的代表之作。从建造年份讲，天一阁是我国现存最早的私家藏书楼，也是亚洲现有最古老的图书馆和世界最早的三大家族图书馆之一。1982年，天一阁被国务院公布为全国重点文物保护单位，其附属设施，现为国家5A级旅游景区。

范钦创办天一阁藏书楼，同时亦制订了一整套保护天一阁藏书不受损害的规则，这些规则亦是范家一系列好家风的体现。其中最重要的一条是：子孙不得拆分天一阁藏书。次要的一条是：藏书不外借，本家族人如欲看藏书，必须集合多人后，才得入阁看书。在建造天一阁时，防火、防水、防盗、防虫蛀等方面考虑得很详尽，也将藏书当作家业。为此，历经400多年，天一阁屹立不倒，成为全国重点文物保护单位。

从天一阁的创建和保护，我们可以看出范钦酷爱藏书的传统和家风。他不仅继承了父辈酷爱读书和藏书的遗风，而且通过建设天一阁这一载体，向下一代传递了爱书的好家风。正由于范钦酷爱藏书，为此才有今日的风光。

从以上范钦制订阅读藏书的严格规矩讲，范钦家有很严格的家风。他以家规的形式向子孙辈交代，这个藏书楼是一份千辛万苦聚集起来的家业，藏书的天一阁楼房，是藏书的附加；对于子孙有需要时欲进阁阅读，不是不可以，但必须严格执行制订的规则，这是保存这份家业的需要。他向子孙交代时，没有说人性有私的一面，子孙会有子孙，必须在严格管理规定中方可得到保存。

毫无疑问，天一阁曾经是范钦家的一份家业，就类别而言是一份文化家业，既有益于范氏家族，亦有利于社会。在存续400多年间，散发着书香，深藏着历史文化（天一阁主要藏书为历代方志）。这种家业既是好家风的体现，更是好家风的传承，对国家、对社会亦是一种贡献，所以说家国同构，国是千万家，是一句箴言。

（三）陈家沟太极拳的家业

武术是中华传统文化瑰宝之一。就武术界的家业而论，笔者认为以陈家沟的太极拳稍具代表性。那么，什么是陈家沟太极拳？又有哪些说法呢？

陈氏一族本不是河南人，而是在明洪武年间时从山西洪洞县大槐树村迁至此。当年由族长陈卜率领族人移居到河南温县常阳村，后来，家族繁衍，人口增多，遂把地名改为"陈家沟"。

为什么陈家沟村民要练武呢？主要是为了防匪自卫、保境安民。据《盾鼻随闻录》载，在道光时期，陈氏一族连十多岁的少女都会使枪，可见陈家沟练武之风很盛。

据史料记载，陈家沟第十四代后裔陈长兴（1771-1853）偕同族人陈有恒、陈有本，以太极拳老套路为基础，创编了太极拳新套路，被称为"新架"，即现今流行的陈式太极拳。于是老套路就被称为"老架"。另有学了新架后的陈清萍，再创编了新套路，并以陈清萍的迁居地来命名新套路为"赵堡架"。就这样，陈家沟太极拳开始有了多种流派。

现在社会上流行最广、练习人数最多的当数杨式太极拳，是在19世纪后期发展的，代表人物为杨露禅。不过，就其发源来说，仍在陈家沟。杨式太极拳创始人杨露禅为直隶广平府（今河北邯郸市永年区）人，为学拳，曾三下陈家沟，历尽艰辛，最终拜在陈长兴门下系统学习陈氏拳械。学成后入京教拳，受到王宫贵族追捧，后便于教学，创编杨式太极拳，风靡一时。后来，杨露禅的故事被武侠小说家宫白羽经艺术加工后写进《偷拳》一书，广布天下，在一定程度上助长了太极拳的传播。

从以上资料大体可看出：陈式太极拳是陈家沟族人的家业，曾经秘而不宣，不传外姓，从杨露禅开始才向社会公开传播，是武术世家立业的高峰。需要说明的是，无论陈式太极拳的老架还是新架，均以技击为主，和现在公园里以健身为主的太极拳完全是两回事。

（四）从张小泉剪刀谈家风

张小泉剪刀是全国驰名产品，是传统产业中的佼佼者。张小泉剪刀一度曾被取消，后来因为毛泽东主席的一句话："王麻子、张小泉的刀剪一万年也不要搞掉。" 张小泉剪刀迎来了新高潮，直到今天。

张小泉原来系安徽的一名剪刀工匠，明朝末年，因逃避战乱，来到杭州谋生。他在大井巷开设制剪刀作坊，由于做工精细，加上采用优质原料，他打制的剪刀特别锋利耐用，逐渐做出了名气，事业亦逐渐扩大，成为杭州剪刀业中响亮的名牌。于是就出现了许多冒牌的张小泉剪刀。

在旧中国，一般的工匠，往往是子承父业，张小泉的儿子张近高接手了父亲张小泉的事业，并且严格精工细作、精益求精，质量更上一层楼，至清朝中期，张小泉剪刀已经是杭州城里响当当的名牌，事业十分兴旺。从最先时设作坊到经营门店，规模日益扩大，名声传播在外。与此同时，出现许多同名但加了"真""真正""记"等字眼的张小泉剪刀店或谐音的张小泉剪刀店。如正宗的张小泉剪刀店有"近记"两字，冒牌的就用"张小泉（谨记）剪刀店"或"张小全剪刀店"。因为店铺大多开在香客较多的大井巷，杭州故旧时有"青山映碧湖，小泉满街巷"之谚。说明冒牌张小泉多得数不胜数。

从上述张小泉剪刀的发迹史和家庭传承史中可以看出，事业与家风很有关联。张小泉从白手起家，到经历清朝十三朝，再经历民国时期，都坚持质量第一的方针，对生产工艺的严谨程度可谓独一无二，若发现毛坯剪刀稍有瑕疵，即作废铁处理。同行的小作坊觉得太可惜，为了节省成本，就收购这些被剔下的毛坯。虽说这样双方均有利，但张小泉剪刀的质量更加突出。

从以上事实可以看出，事业和家风是相辅相成的。事业兴旺来源于家风严谨、态度认真。同样的道理，态度认真，家风严谨，使得家业更加兴旺。

就家业和家风的角度讲张小泉剪刀，它要求工艺精致，家风对应诚信之本，故历经三百多年而不衰，并且取代了"并州剪刀天下第一"的位置。可见家风正对于家业兴的重要性。

（五）财富与家风

上文说了，财富也是一种家业。从市井俚语"富不过三代"看问题，它和家风极有关。

胡雪岩是大名鼎鼎的"红顶商人"。他在发迹前工作兢兢业业，生活艰苦朴素，在发迹后只知逢迎官场，生活糜烂腐化。关于他的一生，在杭州所建的"胡雪岩故居"中多有展示。"胡雪岩故居"设在杭州鼓楼附近，作为旅游景点，对外开放。

应该说，胡雪岩是个有经商头脑的人，年轻时做"跑街"，聪明伶俐，善于投机取巧。但胡雪岩的家风极差，在投靠左宗棠后，他为西征新疆的军队资助粮饷和中药而得到清廷赏识，使他官商合一，迅速致富。

胡雪岩发了财，办了多个钱庄及胡庆余堂药店，胡庆余堂和北京的同仁堂，并称为"南胡北同"。发了大财后的胡雪岩，头脑开始发热,娶了多房姨太太不说,还以更大的野心,意图垄断市场,最后被政敌和洋人算计,家业迅速败落,最后郁郁而终。

从胡雪岩的经历,可见生活质朴、勤俭节约的重要。创业如此,立业如此,守业更应如此。俗曰,创业难,守成更难,就是这个道理。

家风是一个家庭的内环境,内环境污染了,这个家庭必然会发生霉变,流失的不仅是财富,这个家庭成员的精神也会随之而崩溃,家业必然会败落。也可以说是俗语"富不过三代"的印证。

本小节主要讲立业与家风的关系,总结起来一句话:道德、人品应该是第一位的。只有德行好,才能坚持创业时的精神和守成时的清醒,尽可能长时间地保持家业的继续兴旺。笔者比较认同民国时上海青帮大佬杜月笙临终前告诫子女的一句话:千万不要踏进"江湖",要走正道做人。是告诫子女走正道才有可能树立好家风。

【引言】

　　家庭教育与家庭立规矩有相同的性质，但不一定具有同步性。一般情况下，家庭教育很早就开始了，为家庭立规矩是在家庭发展至成熟阶段才产生的。家庭教育是流动性的，家庭立规矩是定性的。在一个新家庭里，夫妻双方的相互影响，是两种不同的家庭观念的相互影响，也是相互教育。在有了孩子后，才有向孩子进行单向性家庭教育的需要。再后来由于观念的碰撞，生活经验的积累，才有了家庭立规矩的需要。绝大多数家庭教育在先，立规矩在后。但都是正面导向、正能量的规矩，其目标是树立好家风，引导子孙走正道、求上进。为家庭立规矩，更多体现在家训、家范、家诫、家规、家法等形式之中。

　　立规矩的内容多种多样，浅层次的有：告诫小辈宜远离吸烟环境，避免今后被人劝说试着"吸一口（烟）"，并告知吸烟有害的种种例子；不宜喝酒，更不应酗酒，因为酒能乱性，做糊涂事，乃至酒驾肇祸，亦为法规所不允许；不要迷恋手机。深层次的有：告诫子女要堂堂正正做人，不要贪图金钱，更不要利用权力谋私利。再或是商人家庭告诫子女要以诚信为本，切勿做有违国家法令方面的事，更有一些读书人家，要求子女必须每天读一点书等等。

第3节：为家庭立规矩

　　国家有大的规矩，那就是《中华人民共和国宪法》和各种性质或范围的具体法律法规；政党要严守政治纪律、政治规矩，那是执政党保持正确政治方向、政治纪律、政治规矩，实现伟大政治目标，提高执政能力的需要。社会要发展，须有良好的秩序，必须有相应的约定俗成的规矩、村规民约、企业章程等。如乘坐公交车要排队上车，前门上、后门下等。同样道理，一个好家庭，要有好家风，也应该"为家庭立规矩"，如《家庭公约》之类的；立下好规矩，才能创造好家风和保持好家风。

人们常说，家庭是社会的一个小共同体，有血缘关系相互连结的特征，有经济利益的一体性，有相互扶持的责任和义务，对外有保护家庭成员利益的一致性；对社会有贡献劳动力和技术及其成果的权利和义务。

家庭的规矩大致可分为两大部分，其一为共同遵守的习惯和风尚，如尊老爱幼、夫妻互敬、兄弟姐妹和睦相处等，其二为特别提出的，如本小节要说的家诫、家训、家范、家规、家法等要求，也就是说对家庭秩序提出的更高的要求。

（一）从李先念告诫女儿谈家风

家诫是家庭教育的方式之一，它常常以口头形式告知子女，多数内容是告知什么不能做，体现的是一个"诫"字。也有少数以反面事例进行告诫的，但都是告诫子女要注意大节，切勿为了个人利益而败坏家庭的名声。2014年3月，李先念之女李小林回到故乡红安时，在李先念故居纪念园接受《长江日报》记者专访。李小林谈到父亲李先念时说，父亲曾告诫我们不能经商，这是我们的家风，谁要经商，打断谁的腿！

当然这段话仅仅是一种告诫，打预防针，亦是爱护子女的形象和灵魂的一种反映：保持一个出身革命家庭者的纯洁性。不过，我们也可以这样说：这是家诫，是为家庭树立正面导向的立规矩。尽管只是父亲对子女的口头告诫，但通过媒体的传播，实际已形成文字记录。

有人也许会说，经商只要合法合理，高干子女为什么不能做呢？但事实没有那么简单。虽说经商有促进商品流通和活跃经济的积极作用，但肯定附有逐利性，一般是为了赚取利润。而出身高干家庭的子女，身上附加着许多光环，即使不收受贿赂，但在经营商业时，会有许多竞争优势，成功的概率要比平常人大许多。凭借这些，赚来的钱、得到的利益，有很大部分系权力的附加成分，失去的却是人格和信誉。

"打断你的腿"当然只是一句郑重的告诫之言，是为家庭立规矩的口头告诫。这种告诫本是家庭内部成员的隐私，为什么会传出来呢？大致分析如下：

一是表明了做家长的态度：绝对不能让子女经商，避免被金钱这个"魔鬼"诱惑。因为李先念同志曾是国家领导人，亦是李小林的家长，作为父亲肯定希望子女好。

二是同意报刊公开发表此文，有请社会监督之意蕴。避免有些人为了一己之私，邀请李小林参加商业活动之类的。虽说李小林根据父亲的告诫，表示会坚决拒绝，但免不了会增加麻烦。

三是具有宣传性质。将这一家诫公之于众，对其他高干子女亦有启示作用。希望其他领导干部亦告诫子女不要进入商业领域，保持革命者家庭的好家风。

四是这样的态度公开后，具有一定的外延性。根据第一章第二节"什么是家风"之六——家风的作用："在一定范围内，家风具有外延性质"，将好家风公开，就是外延、宣传、推广。

（二）家训是立规矩的重要形式

通常情况下，制订家训大多以书面文件呈现。在古代中国比较多见，如《颜氏家训》，共七卷二十篇193条，内容涉及序致、

129

教子、兄弟、后娶、治家、风操、慕贤、勉学、文章、名实、涉务、省事、止足、诫兵、养生、归心、书证、音辞、杂艺、终制等方面，包括家庭规范和家庭教育的全部内容。另，朱柏庐先生的《治家格言》也属家训之列，比较简练，内容有关交往原则、婚嫁宜忌、恩怨处理、耕读传家，通篇意在劝导人勤俭持家、安分守己，被历代士大夫奉为"治家之经"。以上所提到的"家训"，大多是全面性、综合性的家训，包括家诫、家范、家法、家规等方面的内容。

家训另有相对单项内容的，例如司马谈对其子司马迁的家训——告诉他应该继承父业，力争做个太史公，继续为国家修国史，为此他遗有《命子迁》一训。录于下：

　　余先周室之太史也。自上世尝显功名于虞夏，典天官事。后世中衰，绝于予乎？汝复为太史，则续吾祖矣。今天子接千岁之统，封泰山，而余不得从行，是命也夫，命也夫！余死，汝必为太史；为太史，无忘吾所欲论著矣。且夫孝始于事亲，中于事君，终于立身。扬名于后世，以显父母，此孝之大者。夫天下称诵周公，言其能论歌文武之德，宣周邵之风，达太王王季之思虑。爰及公刘，以尊后稷也，幽厉之后，王道缺，礼乐衰，孔子修旧起废，论《诗》《书》，作《春秋》，则学者至今则之，自获麟以来四百有余岁，而诸侯相兼。史记放绝。今汉兴，海内一统，明主贤君忠臣死义之士，余为太史而弗论载，废天下之史文，余甚惧焉，汝其念哉！

首先我们说题目中的"命"，从今天的词义讲，"命"是命令，但这里的意思是希望、劝导，期望儿子司马迁子承父业，亦作太史,记录国家大事就是记录历史。原因是:这项工作很有意义,于国于民均有好处,而且由司马迁继承有不少优势。遵循父亲的遗愿,是孝的一种体现。

从家风的角度讲,《命子迁》是一种希望的传承。事实也确如司马谈所料,司马迁不仅接过这根"接力棒",传承了太史公的通称和修国史的家风,而且做得更好,写出了传世之作《史记》!

(三)浅谈司马光《家范》

"家范"顾名思义是家庭行为的范本,就是家庭内部行事的标准。从词义讲,呈中性、良性。所谓中性,具有提倡及希望之义,但非命令式或强制性质。所谓良性,一切《家范》文本中的整体或其中的某一条,都是倡导好家风的体现或规定。

在古代中国,名人的家范层出不穷,以下且简单说说著名史学家司马光的《家范》。

司马光是北宋时的名臣、著名学者,他著的《资治通鉴》是一部史学巨著,历代以来被人奉为经典,影响着后世。他的《家范》全面且精辟,以下且说其"治家"中的一节:

> 《大学》曰:"古之欲明明德于天下者,先治其国。欲治其国者,先齐其家;欲齐其家者,先修其身;欲修其身者,先正其心,欲正其心者,先诚其意,欲诚其意者,先致其知;致知在格物。物格而后知至,知至而后意诚,意诚而后心正,心正而后身修,身修而后家齐,家齐而后国治,国治而后天下平。自天子以至于庶人,一是皆以修身为本。其本乱而末治者否矣,其所厚者薄,而其所薄者厚,未之有也。"此谓知本,此谓知之至也!

所谓治国必齐其家者，其家不可教而能教人者，无之。故君子不出家而成教于国。孝者所以事君也；悌者所以事长也，慈者所以使众也。《诗》云："桃之夭夭，其叶蓁蓁。之子于归，宜其家人。"宜其家人，而后可以教国人。《诗》云："宜兄宜弟"宜兄宜弟，而后可以教国人。《诗》云："其仪不忒，正是四国。"其为父子，兄弟足法，而后民法之也。此谓治国在齐其家。

司马光在"治家"中引《大学》的这一段话，讲了两层意思，一是治家必先修身，而修身又在于修心、明白事理、以身作则，否则都是空话。这段"治家"写到"知"与"行"的关系很重要，"知"是心中明白，"行"是通过脑子指挥行动。二是讲了一个真正的修身者，不仅要顾自己的家庭，还须考虑教育他人和其他家庭的治理，并向好的方向发展，只有这样才能达到正人、齐家、平天下的要旨。

（四）晚清状元张謇的《家诫》

2015年7月5日，中央纪委监察部网站发布了海门先贤——著名实业家、教育家、清末状元张謇写给子孙后代的《家诫》，昭示了张謇希望子孙后代勤于自勉、清白为人、继承事业、永葆基业的良苦用心。

张謇出生并成长于一个有好家风的家庭，他的祖父是一位仗义之人。有一件事很能说明：他的祖父曾将祖屋卖给瞿姓人家。后来，瞿姓人家在屋子的灶下挖到了两坛银子，得此横财，一夜暴富。有人将此事告知张謇的祖父，含有去要回来或分一点之意。他祖父坦然说道："银子未必有张氏识（标记）也，我守穷而已。"

意思是不争不明之财。

张謇的祖父在世时，家口众多，有时粮食供给不上，邻里老妇人见此情状，就送给他家一斗米济急。之后，张謇的祖父省吃俭用两个月将米还给了老妇人，并且对张謇的父亲说，任何时候都不要忘记老妇人的恩德。后来，老妇人因儿子去世，生计困难，张謇的父亲便每年给她送一斗米，直到老妇人离世。

张謇的父亲张彭年，亦秉承张家的好家风，勤劳善良、正直无私，是远近闻名的纷争仲裁人。张謇的母亲金氏亦是纯朴聪慧、善解人意的女性，给张謇以爱的熏陶，深刻地影响着张謇的品德。

承袭了好家风的张謇在27岁时曾奉父命作《述训》，父亲要求张謇述说家族的来历，着重记述家族的优良家风。他编写的这篇《述训》，其内容处处闪耀着张謇的人生智慧，体现了深入骨髓的传统文化人应有的"修身、齐家、治国、平天下"的抱负和强烈的社会责任感。

张謇老来得独子，但从不宠溺，管教严格，悉心教诲，倾注无限心血。为了教育自己的"富二代"儿子道德继业，张謇更是在《述训》中引用7位古代前贤的语录，作为自己对子孙的家诫。其《述训》的特点如下：

1. 精炼。文字不多，但句句在理，看得出他在制订自己家的家诫时是用了心思的。

2. 突破一般家训、家范、家诫、家规用纸本的常规，而是用立石碑的形式将家诫置于自家的庭院中，让家人天天能看到，从而引起重视。

3. 刻有家诫的石碑正反两面，各有内容，既是庭院的陈设，亦是家庭教育的文物硬件。

《述训》行文言简意赅，饱含哲理，情真意切，蕴含深厚；它既警示后代，也鞭策自己，辑取了刘向、诸葛亮等7位古代贤哲的教子格言作为张氏的家诫，希望其子张孝若及子孙后代以此为勉，茁壮成长。

以上几个小节，是从家诫、家训、家范、家规等方面谈与家风的关系，是家庭内部对家人的正面导向和要求，是古代贤哲智慧的结晶。

（五）关于家法的一些说法

人们在处理社会事务时，大多以"法—理—情"的原则进行，而在处理家庭内部事务中，一般按"情—理—法"的顺序作为处事的原则。这是因为家庭成员有血缘关系，又有经济利益的对外一体性。就以家庭立规矩而言，既有情的成分，也有理的因素，还有法的制约。

要树立好家风，也需要有家法的概念。那么什么是家法呢？一般来说，它分散在多种家规、家谱、宗谱之中，单独的家法，很少见。

关于家法，大致可作如下认识：

1. 起源于封建社会。在宗法社会中，受儒家思想的影响，三纲五常思想深入人心。

2. 进入现代社会后，由于封建社会的崩塌和宗法社会基础的消失，旧式的家法外在形式——棍棒教育，已经不再适用范围，乃至被禁止。

3. 现代意义的家法，一般指家庭内部的硬性规定，但不具有社会法律法规的约束性。

【引言】

家庭教育应该是"终身制"的，但在最适宜进行教育的年龄段——7岁至20多岁时，其间插入了学校教育，为此，少数家庭有了不同的发展轨迹。

在孩子幼年时期，一般来说家庭教育是教导式、示范式的，当孩子长大后又有反哺式等多种形式。自孩子出生至7岁前，是家长在主导教育，无论是示范式、教导式、还是相互影响式，都是家庭教育的方式，大多以口头或自身行为等形式告诉孩子应该怎么做，这是一切生物都有的天性。只有反哺式家庭教育，才是人类文明高度的结晶。

不过，一般从3岁起，由于大多数家长为上班族，城市孩子将被送进幼儿园；从7岁起，孩子将进入小学；13岁左右将进入初中，共完成为期9年的义务教育。之后又有3年，将进入职业学校或高级中学。从理论上讲，在初中之前的9年及高中3年，家庭教育已经降至次于学校教育的位置，但仍然存在。上大学的4年或少数人的研究生学习，虽说仍有家庭教育，但家长对子女的影响，已居于更次要的位置。以下我们谈谈不同的教育阶段和不同的家庭教育方式。

第4节：几种家教模式

家庭有家风，这是大家已经公认的，家风大多来源于家教，这也是比较一致的看法。家庭教育的方式有言教和身教等方法，也是人们的共识。那么家庭教育有哪些好方式呢？哪些是家庭教育的核心？对于这些话题，旧时有"三三四四一条心，家有泥土变黄金"之说，就是多种家庭教育方式的总结和结果。即家庭成员的集体意志，或在一定时间段内，实现向上流动或发家致富。

（一）从"搬砖小孩"谈自由式家教

2017年9月，杭州市民发现一件奇怪的事：一个十一二岁的小男孩，每天早上系着一条布围裙在路边搬砖。起初，他们以为小男孩家在搞装修，所以让小孩子帮忙搬砖，但后来发现，这个小男孩在重复同样的动作：头一天搬到目的地的10块砖，第二天又被他原路搬回去，并堆放整齐！当多次看到这种景象后，市民们认为家长在虐待孩子，便打电话给媒体。经过媒体调查，原来小男孩搬砖，既不是家里在搞装修，也不是被虐待，而是家长征得孩子同意后，效仿晋朝大名士陶渊明的曾祖父陶侃搬砖的轶事，在锻炼孩子的意志，更出人意料的是，家长已经为孩子办理了退学手续，让孩子转学到民办的传统文化学堂！

这件事在当地引发了一场争论，多数人认为，离开条件比较好的公办小学，转而就读私人学堂，孩子的前途得不到保障，学籍问题也无法解决，这样做是不负责任；也有人认为，只要不违反《中华人民共和国义务教育法》，让孩子受哪一种教育，家长和孩子有选择权。孩子的家长也正是基于此种考虑，才决定让孩子接受不同于当前体制的教育方式。

事情的大致情况搞清楚后，我们就小男孩的家风谈谈问题的性质：

1. 小男孩的家风是正道的，家长与小男孩沟通的方式也是和善的，丝毫没有强迫命令，为此，小男孩是自愿搬砖及到民办学堂读书，效果亦不错。

2. 孩子是未成年人，由法定监护人履行监护责任也没有问题，但没有学籍这一说法，比较难以解释。根据《中华人民共和国义务教育法》的有关规定，未成年人必须上学，但未载明必须上公办学校或不能上哪类学堂。

不过，依据事实看问题，从家庭教育的角度看，这是一种别样风景的家风，或者说是一种独具慧见的教育方式——让孩子自由成长，让孩子在以国学为主的私立学堂学习，让孩子从搬砖中体验人生的累和苦。不过，这种教育方式不能融入主流意识，所以才有被学校劝阻的后续。

（二）慈爱式家教与家风

爱是人类繁衍的生存法则之一，在我们生存的地球村里，爱具有普适性、社会性，当然亦有小共同体性家庭的爱，它的外在形式是：关心他人、帮助他人。前者体现在精神层面，后者表现为各种各样的行动，使"弱者"、成长者或失去生存能力的人得到帮助、获得温暖，爱又会产生互爱、群体性质的爱，如爱家乡、爱家庭、爱单位、爱社会、爱国家，从而形成互助、团结。这是各种生物群体都有的天性，作为人类，爱所包含的内容和意义常常体现在社会生活中，而在家庭这个小共同体中，体现得更加淋漓尽致。慈善爱式家教即为其中之一。

慈爱是家教的一种方式，亦是树立良好家风的一条途径。一般来说，家庭内部的爱，有多种多样的方式，通常情况下，做母亲的偏向于慈，这是母亲之爱最直接决定的。这种爱只要不失之于"度"，就是慈爱，如果失之于"度"，就变成溺爱，不可取。在家庭内部，父亲对孩子的爱，相对严格一些，一般称为严父之爱。

与慈爱式家教近似的是仁爱式家教。它往往指向非直系亲属。在一个家庭中有子有女，亦会有非直系的亲属以及没有血缘关系的家人。对直系亲属，由于先天秉性，施以慈爱，是天性使然。对非直系亲属或非血缘家人的爱，大多称为仁爱（或称博爱），是"仁"的一种反映。有些家庭的家长对仆役比较仁德，对其过失，不施行重罚，即为仁爱的反映。

从以上的叙述，我们大体可知，家教的形式不仅是言教，也可能是身教，即以具体事例的道德准则衡量事情。慈爱式家教不仅施行在血亲关系的家人身上，也可能施行在无血亲关系的"家人"身上——仁爱。

慈爱有利他属性，就家庭教育来说，容易养成孩子的自尊心。使孩子成长在宽松的环境，今后走上社会，也会以宽容的态度对待事物，是一种良性循环。正如释家所言："善有善报，恶有恶报。"亦是人们常说的："仁爱三春暖，家和万事兴。"关于慈爱，蔡元培先生在《自写年谱》中载有以下一段话：

> 我母亲为我们理发时，与我们共饭时，常指出我们的缺点，督促我们的用功。我们如有错误，我母亲从不怒骂，但说明理由，令我们改过。

这是蔡元培母亲慈爱式家教反映之一：指出错误，但不怒骂。

与仁爱式家教对应的是博爱式家教。情况大多出现在有宗教信仰者的家庭。博爱是对有坏习惯的家人并不另眼相看，而是一视同仁的施予爱，关心、爱护、帮助他们。如发现孩子有抽烟的习惯时，并不是不管不顾，而是进行规劝、告知吸烟有害处，而且持之以恒地劝阻，但不施以强制行为。

（三）棒头下面出孝子：严的家风

"棒头下面出孝子"是旧社会时的一句流行语，是严格家风的代名词，也是旧时代家教模式的一种。进入现当代后，这个说法不太提了，因为这关系到社会法和家法的矛盾。又因为"棒头"意味着打孩子、体罚孩子等强制手段，有其严重性，既可能造成后果，也可能被追究法律责任。

在古代比较典型的"棒头下面出孝子"是孔子的弟子颜回小时候的一次遭遇。现代的"棒头下面出孝子"以蔡元培先生少年时的一些经历为典型。据蔡元培《自写年谱》载：

> 若屡诫不改，我母亲就于清晨我们未起时，掀开被头，用一束竹筱打股臂等处，历数各种过失，待我们服罪认改而后已。选用竹筱，因为着肤虽痛，而不至伤骨。又不打头面上，恐有痕迹，为见者所笑。我母亲的仁慈而恳切，影响我们的品性甚大。
>
> 我母亲素有胃疾，到这一年，痛得很剧。医生说是肝气，服药亦未见效。我记得少时听长辈说，我祖母大病一次，七叔父秘密割臂肉一片，和药以进，祖母服之而愈。相传可延寿十二年云云。我想母亲病得不得了，我要试一试这个法。于是把左臂的肉割了一小片，放在药罐里面，母亲的药，本来是我煎的，所以没有别的人知道。后来左臂的用力与右臂的用力不平，被大哥看出，全家的人都知道了。大家都希望我母亲可以延年，但是下一年，我母亲竟去世了。当弥留时，我三弟元坚，又割臂肉一块，和药以进，终于无效。

从这两段引文可以看出：蔡元培先生的母亲在对待子女的家庭教育上，既有慈爱，亦有严格，也即在屡教不改的情况下，要打孩子的屁股！这种打是严格家教的体现，只要承认错误，承诺改正后立即停止。所以说教育是一种手段，而不是为了出气。孩子们也认识到错误，心服口服。可以说是旧式家教——"棒头下面出孝子"的典型。

严的家教，普遍存在于社会的各个家庭中，一个"严"字体现了爱的强烈程度、迫切性，乃至必要性，是以督教为主要手段的家风的反映，是严格家庭教育的体现。

从上述简略的叙述，我们大体可知"严的家教"是好家风的外在形式，大量存在于古代社会，不少名人是从"严的家教"而来。

（四）家教与家风综说

从以上叙述，我们大体可以知道家庭教育对家风具有强大的作用，不过与社会教育相比较，它又是弱小的，在特定时期，显得无能为力。再以"搬砖小孩"与现行教育体制为例。

1. "搬砖小孩"的父亲是个有独到见解的家长，这个家庭的风气由小孩的父亲主导，但一定与其妻子保持一致性。他所举的旗，是严格家风与慈爱家风并举的旗，为此孩子能顺利接受。

2. 家庭与学校的不同观点，也就是家庭与社会规范的矛盾冲撞。家庭希望孩子得到的另一种独特的教育，在公立学校中得不到，故而家长宁愿出高额学费去接受另一种教学方式。但公立学校由于职责所在，认为进入另一类学校有失职之嫌，故要求其家长将孩子"还给"学校。

3. 家教不仅是正面的引导和教育，还必须辅以必要的限制，尤其是孩子在未成年时，认识上有盲点，加上自制能力不足，对于社会上的商品及其消费的认识不到位，容易产生副作用。如孩子对智能手机的使用，应该给予一定的限制，不能听凭孩子"自主"。记得华为创始人任正非曾经说过一句话："手机只是一种商品。"由于商品有附加属性，必然有利益的驱使，而利益驱使往往盯着人的欲望、好奇心等元素而对商品进行设置，这可能和每个家庭要进行正面教育的愿望之间有冲突。

关于智能手机对学生的利弊，尤其是对中小学生的利弊，有人做了多年的跟踪研究：以50个高中学生为一组，分两组，一组禁止使用智能手机，另一组随意使用智能手机。至升学考试时，不使用手机的一组全部考上大学，另一组中考上者寥寥无几。

所以有人说，要毁掉一个孩子，只要给他一部手机就可以了。此话有一定道理。据说法国已经出台关于中小学生在校内禁止使用手机的规定，目的是保护学生正常学习。

【引言】

　　家族凝聚是个古老的话题，是中国宗法社会的文化产品，但很合乎"人之初，性本私"的文化属性，只不过是放大了的自私——家族之私。为此，虽说由于社会生产力的不断发展，城市化的迅速扩大，在现代文明的冲击下，关于家族凝聚的问题已经淡化许多，但依然存在于社会中，特别是以种姓为主的村庄，对家族凝聚问题依然十分重视。

　　家族凝聚的主旨是血缘的认同，是关于祖先崇拜的一种文化，是光荣感的归属，它的积极意义是：激励家族成员不断进取，在非常时期亦是合力抵抗外侮、盗匪的团结纽带。由于血缘的认同感，几乎每个家族成员都愿意为家族的兴旺昌盛尽自己的一分力量。在我国的乡村，由于大多村庄为血缘村落，为此，家族凝聚问题不容小觑，也可以说，家族凝聚力是依靠人性之私而存在的。

　　历史上家族凝聚力最为膨胀的时期是在魏晋南北朝，士族大家庭抱团合力，控制上层权力和政治走向，造成分裂和混乱的局面，直到隋朝才结束这种混乱的局面。

第5节：家风与家族凝聚

　　家族是放大了的家庭、是放射式的众多家庭的集合体，以姓氏和血缘为纽带进行联续。通常情况下，家庭具有血缘、姓氏认同、经济一体性三个特征，而家族凝聚一般仅具有姓氏和血缘认同两种特征，而且其血缘认同方面相对比较薄弱。就家风问题而言，宗族、家族不具有直接利害关系，而家庭（包括直系大家庭）却具有经济、声誉等方面的相互关联性。如鲁迅之子周海婴与鲁迅有直接血缘关系，而与周建人之家，虽属一脉但为旁系亲属关系。

（一）从钱王祠祭祀谈家族自豪感

杭州西湖东岸边，柳浪闻莺的北邻，有一座较为特殊的景点：钱王祠。一般来说，在城市很难有家族祠堂存在的基础，这是因为现代文明并不重视宗法社会的产品。但由于这座祠堂具有很高的文化价值——追求和平和统一、安境与民生以及这个家族出了许多杰出人物。祠堂不仅保存了下来，而且成为一座寓教于乐的文化景点。

钱王祠建于北宋年间，初名"表忠观"。大诗人苏东坡任杭州通判时，因敬仰吴越国王钱镠的功业，撰有《表忠观碑》，以纪念吴越国王钱氏家族保境安民、做到和平统一事业的贡献。依笔者看来，"表忠"的"忠"，不仅是忠于宋王朝，更有忠诚于最广大人民的利益、忠诚于和平事业之意蕴，且有现实意义。历代以来，屡有修葺，至今成为杭州西湖的一处名胜。

"元宵钱王祭"活动作为浙江省级非物质文化遗产，自2008年恢复以来，每年举行一次，其影响力越来越大，吸引了来自港澳台地区、日本、法国、美国、马来西亚、新加坡等多个国家和地区的钱氏宗亲参加。通过多次举办活动、探讨交流、不断改进，"元宵钱王祭"的祭祀规程逐渐完善。同时，元宵钱王祭也已成为杭州市传统文化活动，不仅彰显了杭州的历史文化底蕴，也为浙江建设文化大省贡献了一份力量。

笔者应邀参加此次盛会时，还和张罗此次祭祖活动的杭州钱镠研究会主要创始人之一的钱刚作了交谈，他在杭州师范大学工作，担任秘书长职务属"义工"性质，但他很乐意且自豪。在会后，笔者还向钱王后裔的聚居村落东钱村的参会代表队队长了解了该村钱氏后裔的情况。笔者在离开钱王祠之前，再次瞻仰全祠的陈设，对后殿供奉的钱氏后裔名人中就有国务院前总理钱其琛和科学家钱学森、钱三强等钦佩不已。这怎能不让钱氏后裔自豪且激励他们上进并营造好自己的家风呢！

家族凝聚是培育、激励好家风的源泉和好方式。

（二）为祖宗守灵的禹陵村

为祖宗守灵，既是孝道的体现，亦是好家风的一种精神状态。这是中华民族特有的风俗习惯和好家风的集中展示。2018年的一个秋天，我约了高中时的老同学王立淳一起去浏览了为祖宗守灵的禹陵村。

禹陵村坐落在绍兴城东南6公里处的会稽山下，已有四千多年的历史。村民以守护姒家先祖大禹的陵墓为担当，也是大禹后裔姒氏家族的一份历史、一种宗族凝聚的存在，是一个人类缘水而居的活化石，迄今已成为绍兴的一个文化符号。

据传，约公元前2023年，华夏始祖黄帝的玄孙、伟大的治水英雄大禹逝世，就近埋葬在绍兴的会稽山下，这里山明水秀，风光无限，是一块福地。为了守护祖上英灵，大禹后裔迁居此地繁衍生息，逐渐形成今天的禹陵村，也叫禹胄古村，属浙江绍兴市越城区所辖。

相传农历六月初六是禹的生日，因此，每年的六月初六，会稽山下禹陵村的村民们都要举行古老而神秘的祭禹仪式。祭祀从当天夜里开始，在香烟缭绕、烛光飘摇之中，人们跪在地上，无论是白首老者，还是黄发幼童，神情都是那么肃穆。他们一声声地呼唤祖先夏禹的名字，吟诵着《尚书·夏书》中的"五子之歌"：

明明我祖，万邦之君。

有典有则，贻厥子孙。

关石和钧，王府则有。

"五子之歌"是颂扬禹的功德，字字含泪，句句传情，一直唱到次日凌晨3时。那一夜，会稽山的周围弥漫着上古时代的遗风流韵。

禹陵村为什么能坚持为祖先守陵的好家风呢？主要是家族有光荣感、自豪感，这种光荣感和自豪感，形成了巨大的合力，激励姒姓子孙不断求上进，坚持守陵墓。家家好家风，全村好村风，这就是家族凝聚的力量。

（三）江南第一家的家风

"江南第一家"坐落于浙江省浦江县郑宅镇东明村，亦呼为郑义门，系全国重点文物保护单位。郑氏族人久居于此，向以孝义治家，名冠天下。自南宋末年开始，历宋、元、明三朝，十五世同居三百三十余年，鼎盛时期有三千三百多人同吃"一锅饭"。其孝义家风多次受到朝廷的旌表，靠的就是家族的凝聚力。那么郑氏族人的同居共食是怎么发展起来的呢？又是怎么凝聚的呢？大致可分为初创、发展、鼎盛和后期四个阶段。

初创时期。北宋元符年间，由于郑氏已经有好几代家人在浦江附近的严州、睦州为官，原为郑国后裔的郑氏族人郑渥、郑涗、郑淮觉得东明村这地方很好；三兄弟商量后一起迁来浦江东明村定居，便于相互照应，并成为郑宅镇东明村的始迁祖。其中，郑淮一支发展得特别好，后来，由郑淮的孙子郑绮主持家政。那段时间，已届南宋初期，社会不稳，饿殍遍野。郑绮的祖父郑淮曾卖掉一千多亩良田用来救济灾民，使家业处于中落状态。然而，心胸宽大的郑绮不但不因家庭经济暂时的困境而退缩，相反却以勤俭持家而重振家业，并开始倡导同居共食，成为一家人。《宋故冲素处士墓志铭》中记载他临终立下遗嘱，告诫子孙要以孝悌为先，共财聚食，乃至要子孙向天赌咒，如有违反，天地共殛。由于郑绮的威望和子孙的孝行，从此开始了郑氏家族的同居共食的历史。

那么郑绮为什么要倡导同居共食？大概是看到子孙的能力有大有小，所获有高有低，产生贫富分化，但他更看重亲情，不仅希望他们团结，更要求他们互助。在最初阶段，郑绮并未当作一番事业，而是作为一种互助的措施。

发展时期。到了郑氏迁浦江之后的第五世，时代已慢慢向元朝进展，而郑氏家业已渐趋振兴，人丁也相对繁衍。郑家的孝悌之行和同居共食之举，开始产生影响，乡里和官府也有了好评，这就促使郑氏家人将它当作一番事业来对待。当时主持家政的是颇有卓见和气魄的五世祖郑德璋，为了继承和光大同居共食的传统，他做了开创性的三件大事。一是针对宋元交替阶段社会较乱的背景，建立乡里联防武装，保乡安民。二是制订治家准则，规范族人的行为。三是创办东明书院，延请江南硕儒任教，规定郑氏子孙必须入学读书，从而保证郑氏后继有人。

在这时期的中段，郑德璋之子郑文融主持家政，又进行了新的开拓。第一步是辞去官职，一心一意研究治家之道，并制订《郑氏家范》58条，如针对家人中迷信鬼神的，在《家范》中责之为"淫祀"，列为禁止之列，使治家走上法制化的轨道，这是郑氏家族生活规范化的第一步。

在这时期的后阶段，郑文融之子郑钦，又根据实践，续著了《家范》73条，增加了预防性的内容，使《家范》更趋完善。另外，在保证家族安居乐业的前提下，他提倡族人外出为官，以增加族人对社会的贡献。另要求外出为官者为官清廉，收入除了正常开支外，多余的部分交回家族；如有贪赃枉法者，在家谱中除名。因此，历代郑氏外出为官者170余人，没有存在劣迹。

鼎盛时期。明朝初年时，郑义门的同居共食达到巅峰。《浦江志略》载，"阖族达千余指"。除了《家范》已增补至168条外，家族的高层管理人员的职务已有18种，人员已有26人。分别为：宗子、典事、监视、主记、通掌门户、掌管新事、羞服长、掌膳、营运、掌畜牧、知宾、山长、主母、掌钱货等。分工精细又互相制约。鼎盛时，郑氏家族的人丁从逾千逐步到三千以上。

郑氏的这种情况，恰恰是朱明皇朝所需要的。为此，他们得到了明太祖朱元璋起始两代君主的恩宠。如朱元璋两次亲书"江南第一家""孝义家"、建文帝亲书"孝友堂"赐赠郑氏家人，乃至出现直接任命郑氏家人为官的情况。

后期。郑氏同居共食走向后期及至淡出，既有政治因素，又是自然灾害造成的。政治上，由于永乐帝朱棣从侄子手里夺取了皇位，而郑氏族人曾有过亲善建文帝的史迹，所以，从明皇朝的永乐帝开始，对郑氏的支持开始降温。但由于郑氏同居共食的"强大生命力"，郑氏族人仍然维持着同居共食的生活，并经历永乐、洪熙、宣德、正统、景泰各朝。一直义居到天顺三年，一场大火烧掉了郑氏家族的大片房屋，使延续三百多年的义居不得不改为分号义居，朔望会食于宗祠。这时候，十五世同居基本结束，但是小同居一直维持到清朝康熙年间。

郑氏家族由小到大，由极盛到维持，最后在一场大火灾之后失去生活的依托，最终走向衰落，既说明任何事物都有周期性，亦告诉人们家族凝聚力是客观存在的。

（四）家族凝聚综说

家族凝聚是家庭文化现象之一，它的源头可追溯到远古的氏族社会，因为那时生产力落后，必须有家族凝聚的合力才得以解决生活问题。随着社会的进步和生产力的发展，凝聚家族的力量以求生存已无必要，但是这种精神却被有文化的大家庭、大家族保留下来，而且其性质也发生了变化，那是作为优秀家庭的一种文化。大致有以下几项：

1. 对祖先之贡献的怀念和敬仰。如前述，吴越国王钱氏家族一脉为保东南百姓和平安宁的生活而放弃权力，纳土归宋，实现国家和平统一。

2. 对祖先的冤案或悲情的悼念。如明末袁崇焕一脉忠贞，但被冤枉为妄图谋反而死，这对族人来说是难以接受、难以忘却的历史，为此他们要为祖宗守灵，既寄寓悲愤之情，亦激励后人继续忠贞之志。

3. 凡是为祖先守灵或建有家族宗祠者，大多祖上为文化人并且对社会有贡献。不论以何种形式纪念先祖，都会有激励自己及下一代子孙的作用，并希望他们学习祖先的忠烈和对社会的贡献。

第五章　家风与教养

【引言】

什么是文明？这个题目太大了。什么是礼？依照《辞海》的解释，礼的本义之一是敬神，引申为尊敬之意，如我们常说的敬礼、礼仪。如果作为名词解释，礼就是各种仪式，如婚礼、丧礼、毕业典礼、开国典礼等。在旧时代，礼还是奴隶社会和封建社会的道德规范和人格规范，《论语·为政》："齐之以礼。"南宋儒家朱熹注曰："礼，谓制度品节也。"现代人更是把礼和物质联系起来，对他人有敬重之意，送点东西表示尊重，称为送礼物，或称送人情。

那么按照普通人的认识，礼是什么呢？礼就是人类在社会生活中的文明思维、文明行为、文明语言等方面的反映；礼和人类的文明程度、外在形象等有关；就人的内心世界来说，礼应该包括道德、品行、制度、利他等属性；再就人在社会生活中或家庭范围内而言，礼也有礼貌、礼谊、礼节等等说辞。无论从私还是公的层面上说，礼应该是一件好东西。本小节主要说说礼与家庭和家风的话题。

第1节：礼貌·礼宜·礼节

给朋友们讲个与礼宜有关的家风故事。

金女士是某社会组织的负责人，热情，对工作负责，待人接物和蔼可亲且彬彬有礼，表现在总是先招呼人，又有在职研究生学历，给人的印象很好。她在申办社会组织时，恰好所在街道的文化中心有空余的房子，就请她免费入驻。

可是在不久后，人们发现，她的办公场所里堆放的东西特别多，越来越多，有办公需要用的电脑、打印机、固定电话、笔筒、纸张等之外，还有与办公无关的电视机显示器之类的杂物。更让人费解的是：文化机构有一个大露台，约有一百多平方米，她竟然从网上购了一套仿藤桌椅放在露台上，还将一些她并不很需要的杂物，堆放在消防通道上。

办公场所不同于家里，即使家里也有个是否整洁的问题。由于这些东西影响观瞻，文化机构的负责人终于发话了，要求她将这些东西搬走。于是我就想到了礼貌、礼谊和礼节的问题，因为金女士所产生的问题，通俗地讲，在使用别人的地盘时要先征求人家的同意，既要有外在的礼貌，又要讲是否适宜的问题，缺乏尊重对方的意愿，应该是不适宜的。以下且分礼貌与家风、礼宜与家风、礼节与家风三方面述说。

（一）礼貌与家风

每一个人在走出家庭，或在社会上活动，或在公共场所娱乐、游览，或往政府机关办事，或去事业单位登记，或去学校读书，等等，都会有个礼貌的问题。例如，主动先招呼人，展现微笑风姿，表示主动行为。即使在公交车上为老年人让座，最好说一句"您请坐"之类的话，这是礼貌，亦是家庭教养所致，有这样行动的人，也可以说是好家风的表现之一。

一个人在社会上总会与他人接触，可能是陌生人，也可能是同事、朋友或其他人。都有个是否讲究礼貌的问题。还是就金女士待人接物来说，她很有礼貌，也就是说，她的外表看起来很好，给人的第一印象不错，是个从有好家风的家庭中走出来的淑女，既有优雅气质且受人欢迎。

关于家风和礼貌话题，是否可以分三方面来说，首先要认识，家庭是人生的第一课堂，外在礼貌大多在家庭中培养。一个讲究礼貌的家庭，一般讲，都是家风好派生而来。关于家庭成员间的礼貌，是否可以分解成下列几项：

1. 内部成员的礼貌，看是否讲究家风建设。对父母、祖父母等至亲，必须主动且亲切地招呼。比如，每天早晨起床后的第一次见面，应该叫一声"爸妈好"或"爸妈早上好"。类似于在古代时每天起床后，先去向父母"请安"。向父母或祖父母问好，这不是"封建"那一套，而是为人子女应有的规矩，当然这是指有好家风的人家。对于家风不怎么样的家庭，只要不讨厌老人、不虐待父母就算不错了。笔者看了沈复的《浮生六记》，其中写到：新儿媳陈芸嫁入沈家后，早晨不敢贪睡，起床后必先往公婆处请安。这既可看作是封建大家庭的规矩、是大家庭注重礼貌的表现，亦是好家风的一种表现。

2. 对来访客人的礼貌，看家风是否正向。家里来了客人，或朋友，或亲戚，或同事，无论尊长或小辈，都应待之以礼。客人进入自己家里，应先报以微笑，知情况者应抢先招呼；招呼宜用尊称，以示礼貌和教养。

对于经人介绍而来的陌生客人，除展现微笑外，也可先递上名片，以示自报家门；递名片宜双手送递，这也是一种礼貌。

3. 去做客时显示礼貌，表现自己有教养，也可以说有好家风。人际往来时难免往亲友家做客。对师长的尊重是最起码的条件；看望亲友，宜先电话联系，先取得对方同意，这是礼貌，不然贸然造访，使人家猝不及防，做客成了添乱，就是不够礼貌。进门后应尊重主人家生活习惯，人家不抽烟，自己也就不要抽了。

4. 在工作单位与同事相处，或在社会上办事时的礼貌。一般参照 1 或是执行 2。如一般办事窗口，以年轻女性居多，在称呼上就有讲究。呼为同志，与潮流不合；呼其为小姐，现今恐怕被误解；有的呼为美女，似乎已在流行，但比较勉强。由于很难区别年轻女性是否已婚,杭州过去有"大小姐"的叫法,不妨一试。至于男性,主动称为先生,是不必顾虑之称呼。

5. 对富翁或穷人的礼貌。不管是有钱人或穷苦者,不论对方品格是否高尚,都应有礼貌地相待。即使对乞讨者,不论给或不给,切忌带着鄙视的眼光,应该记住:人人都有自尊心。

6. 礼貌可以经过教学、训练而习惯,但最好发自内心,因为发自内心的礼貌,自然且真实。这就有个平日提高内心素养的问题。笔者将发自内心的礼貌和举动称为"礼宜"。放到下一小节讲。

古有待人以礼的说法。对上不媚态,对下不倨傲,这是优秀大家风度的表现,亦是好家风的反映之一。

(二)"礼宜"与家风

"礼宜"是敝人"生造"的一个名词,它的内容就是尊重他人的权利、习惯和爱好,是个人内心深处的一种活动。应该这样认识:尊重他人就是尊重自己。本节开头所谈到的金女士的行动,就是她只有外在形式的礼貌,而缺乏内心世界对别人的尊重,包括对"公家"的尊重。所以才会产生文化机构一度要求她将东西搬走的尴尬。后来她虽有所改正,但性格如此,可以说积重难返,不多久,又是老方一贴,导致人们对她的为人的"失分"。

笔者对"礼宜"一词的理解是:"宜"是符合对方的要求,是内心的操守;礼是外在形式的谦让、客气,并不一定出于内心,也可以从训练中得到。应该说"宜"高于"礼"。当然既有礼亦有适宜,则更好。

"礼宜"和家风的关系是:行为的示范、培养、教育、训练,一般情况下,会在每一个家庭中逐渐形成。应该有以下几个认识点:

1. "礼宜"是好家风的一种内在修养。一般情况下,"礼"是施于人,形于外;"宜"是属于本分、应该恪守的底线等内心修养,属于道德、人品范畴。"宜"高于"礼"。

2. "礼宜"与个人修养有关,懂得"礼宜"的人,人品不会差。有句俗语说:日长时久,把人看透。有些人尽管表面上有些"倨傲",但内心有恪守、有"底线",不做非本分但有利于自己的事。"日久见人心"就是这个意思,即与好家风有间接关系。

3. "礼宜"是内在的道德要求,注重人与人之间的和谐与尊重;法规则是外在的约束力量,是社会的规则和秩序,保障公平和正义。二者相辅相成,共同维护社会的稳定与发展。在法制越来越健全的今天,更多地推行"礼治",不仅可以减少司法成本,对提高全民素质及树立良好的家风、国风,具有重要意义。

(三)礼节与家风

礼属于道德范畴,但也有法的成分。为此,遵守礼仪也就是遵守法纪。其中的"纪"就含有"法"的性质。我们通常讲"礼节",一般认为就是礼貌,其实不然。若细分的话,礼貌是人与人见面、交集时友好性质的外在形式。关于"礼宜",在上一节已经说了,可能存在表面尊重、内心藐视的现象,而礼节则是:首先内心尊重对方,其次是外在形式亦尊重对方。

且让我们看看沈复《浮生六记》中关于礼节的细节:

> 余性爽直,落拓不羁;芸若腐儒,迂拘多礼。偶为披衣整袖,必连声道"得罪";或递巾授扇,必起身来接。余始厌之,曰:"卿欲以礼缚我耶?语曰:'礼多必诈。'"芸两颊发赤,曰:"恭而有礼,何反言诈?"余曰:"恭

敬在心，不在虚文。"芸曰："至亲莫如父母，可内敬在心而外肆狂放耶？"余曰："前言戏之耳。"芸曰："世间反目，多由戏起，后勿冤妾，令人郁死！"余乃挽之入怀，抚慰之，始解颜为笑。自此"岂敢""得罪"竟成语助词矣。

以上这段引文，陈芸讲了她认为的"有礼又有节"的原因，也就是说，成了夫妻，就是亲近得不能再亲近的人，一般认为，为对方做点小事，不必再说什么"谢谢"之类的客套话。沈复也是这样想的，但陈芸却不这样认为，她认为虽说成了夫妻是距离最近的人，但仍然"有礼又有节"有什么不好呢？也就是既有爱情，又有友情，是一种双重情谊。

这段对话中，透析出两个不同家庭背景的人的教育及天赋，沈复随和自然，陈芸受过严格的家庭教育，知道"世间的是非多由戏言起"。不兴戏言，是一种严谨家风的体现。为此，在这个大家庭中的小家庭，是两种好家风的磨合，之后将会趋向严谨。再从礼节的角度讲，无论在家庭内部，还是在社会场合中相处，有礼又有节，不但是一种立身处世之方式，又有什么不好呢？

关于礼节的问题，龙应台有一种说法：一个真正有教养的人，绝不是一个没有脾气的人，只是不会把脾气发到一个比自己弱的人身上。一个人对待弱者的态度，就是他真实的教养。教养不是临时表现出来的，而是对待弱势群体依然谦逊有礼——从内心出发的以礼相待，这才是真正的教养。

综上所述，我们所说的礼，可分解为礼仪、礼宜、礼节等多种表现形式，即外在表现和内心感受，不管是哪种，都是人类交往的好"东西"。

【引言】

　　读书是人类文明进步的体现,是提高文化修养,认识人类世界的阶梯,当然,这是指读有益的书。有些大学生认为自己读了16年的书,总可以算个"中档次"的读书人了吧,这时如果有人更正他说:"你读的只是课本,算不得真正的读书。"他一定会不服气。

　　在学校里读书,可以说只是接受教育,包括人文科学与自然科学两大类教育。前者和人文素养的提高有直接关系,后者与提高人文素养的关系不是很密切;在学校里最初接触外文课,只能说是认识外国文化的一种工具,很难说是真正意义地在读外文书。读书好似爬山,诗人臧克家说,读书就像爬山,爬得越高,望得越远,收获更丰满。

　　读书和家风有关系吗?当然有关,而且是密切相关。这里指人文科学或科普性质的书,而且是认识家庭文化、提高家庭文明的直接工具,是最重要的关系之一。孟子曰:"工欲善其事,必先利其器。"对于端正家风、整肃家风、保持正家风来说,肯定是一件好事。朋友们,多读点有益的闲书吧,收获的不一定是钱,但会精神饱满,意气风发,心情舒畅,心胸开阔。

第2节:家风与认真读书

　　书有多种多样的,在离开学校后,一般多读人文科学的书,少数会读与生活有关的医学、园艺、格言、烹饪、养殖等方面有实用价值的书。前者与家庭和谐相处有直接的关系,和建立好家风亦有重要作用。如旧时一些人家,堂前常常挂着《朱柏庐先生治家格言》之类的字幅,这实际上也是一种"读书",而且是日日读书，因为其中的格言就是读好书、有好家风的体现。后者的读书，以丰富家庭文化生活为目标，也属读好书的范畴，因为丰富家庭文化生活，间接意味着家庭和谐、家风纯正。

家庭内部成员由于对事物有不同的看法和做法，是每个家庭都会碰到的问题，有时会有矛盾，而矛盾大多是由于处事方式的不同引起的，乃至是意识形态的不同或利益分配的冲突。从"人之初，性本私"的原性看问题，每个人往往会从自己的方面考虑得多，形成互不相让的局面很正常，这时，除了中间人的调解工作外，个人读书往往会达到无师自通的目的。

（一）爱好读书与家庭和谐

一般来说，从爱读书的家庭走出来的孩子，大多比较优秀，态度好，有礼貌，有德行，讨人欢喜，推而广之，在校学习的成绩以优秀的为多。有资料显示，考入重点大学且排在前十名的新生，多来自教师家庭、文化人家庭及各行各业的精英家庭，为什么呢？且作些解读：

1. 因为教师、文化人、经理人的工作近乎终身读书，意味着不断地前进；不断地前进不仅是好家风，而且容易出优秀人才；同样道理，各行业的精英亦多来自读书人家庭。

2. 爱好读书，会懂得欣赏自己的家庭，在这样的家庭中成长，父母善于发掘孩子的优点，孩子会积极求上进，个性和态度会更鲜明和积极，学习也会更加努力，形成良性循环。

3. 爱好读书的家庭，夫妻会相对恩爱。夫妻相亲相爱，家中争吵的概率少，孩子安全感足，才能平心静气地学习，形成良性循环；促进好家风，好家风创造爱读书的环境。

4. 爱好读书的家庭，必然会注重家庭成员的品行。不仅培养孩子高尚的品德，一切家务活动以德行为先，而且自然而然地在教育孩子要正直、善良。反之，心术不正的人家，一时的获得也不会长久，为什么呢？与他们大多远离读书有关。同样道理，要求孩子品行端正，家长自己必须以身作则，是一种良性循环。

5. 凡爱好读书的家庭，大多懂得控制情绪的重要性。家庭成员都有自己的另一个天地——单位、学校、社会交友圈。在这些地方会得到不同的信息，亦难免会产生不同的想法，想法不同容易引发矛盾，这时控制情绪十分重要。容易发火的父母或夫妻间，不懂得克制自己，不仅会伤害夫妻感情，亦会影响孩子，久而久之，会让孩子畏惧、戒备、疏远。多读书就容易平心静气而转向平和，从而控制情绪，达到妥协、忍让。清朝的林则徐在书房里挂有一条"制怒"字幅，是多读书后的深切体会，以警示自己。唐朝张公艺九世同居，唐高宗问他怎么能做到，张回答，遇事要"忍"，且编有《百忍歌》家训。

6. 凡是爱好读书的家庭，懂得从小处立规矩的重要，要求家人坐有坐相、立有立相、行有行姿，这些看似是小规矩，但积少成多，就转化为气质。父母懂得及时纠正，孩子才懂得界限。如果听任孩子存在错误，就会影响家人形象，包括自制力。

7. 爱好读书的家庭，家长一定懂得尊重孩子，富有智慧的父母懂得呵护孩子的童心、好奇心，陪孩子一起探索新奇，能让孩子开启新的世界，亦注意到陪孩子玩也是一种教育。

总之，从家风的角度讲，不一样的家长造就不一样的家庭，塑造不一样的命运。孩子的未来不一定在学校里，也不一定在成绩单中，主要在家庭，在自己的品行、修养和气质里。

（二）读书，认识和谐家庭的重要性

前段时间笔者研究袁枚，对于袁先生一生认真、埋头读书感到非常钦佩，故而写了《袁枚正传》一书。就是因为他认真读书，才有流芳千古之实。

袁先生读书有一个特点：态度认真、多层面比较、深入思考，即研究性的读书。古代没有民间的图书馆，他就用自己的薪水搜集各种书，待藏书丰富后进一步认真研读。他的阅读亦影响到家庭成员、子侄辈读书。他的堂弟袁树、外侄陆湄君都跟着他在随园一起发奋读书，都考上了秀才、举人、进士，并外仕为官。所以袁枚家族的家风很好。

袁枚为什么读书？是为了探索，求有所突破、创新，他不赞成将考据放在第一位，因为考据会被束缚思想。就文章而言，是先有创新，再后有考据，没有创新的文章就谈不上考据，比较才能探索真相。故有"两眼不受古人欺"之说。

袁枚不仅读书很认真，而且对读书的效果独具慧念。他所著的书稿因有修改，需要誊清，就请常来向他借书的黄纪之代劳。对于黄来说，既可以比较认真读袁枚的书，而且又有一份经济收入，可谓一举两得。更为可喜的是，袁枚还因此写了《黄生借书说》一文，相当于告诉黄纪之（允修），因借书而读的书，效果会更好，因为书是别人的，借来阅读，自己会很珍惜这个机会。以下且看看《黄生借书说》：

> 黄生允修借书，随园主人授以书而告之曰：书非借不能读也。子不闻藏书者乎？《七略》《四书》，天子之书，然天子读书者有几？汗牛塞屋，富贵家之书，然富贵人读书者有几？其他祖父积，子孙弃者无论焉。

从以上引文中可看出,袁枚不但告诉黄生,你借了书去阅读,一定会比较认真,因为你心中有一种渴望,从而告诉黄生读书的效果和道理。这是袁枚家庭和谐的助力——读书。

(三)读书提高人文素养有利于家风

有人说:最好的家风是明白事理,明白事理才能知道做事的分寸,才能知道必要的退让是一种胜利。也有人说,要使家风好,首先要"克己",当某一件事情"公说公有理、婆说婆有理"时,要能够从对方的角度想一想,克制自己的欲望,才是好家风的一种展现。也有人说,"最好的家风是读书"。因为读书不但能使人明白事理、懂得谦逊待人,而且会培养宽大的胸怀,推己及人。还有人说,读书是门槛最低的高贵,将读书当作高尚的行为。下面我们说说读书有利于家风的方面的书:

1. 读"闲书"。如读文学作品(小说、诗、散文、论文),其主旨总是抑恶扬善,读者会受到感染和教育,从而无形被感染慈爱、宽厚、真诚,并以此类态度对待家人,做到父严、母慈、子孝、兄弟亲善、邻里和睦。

2. 读与科普有关的书。读厨艺、电器方面的书,能增长知识,用于生活实践。封建时代有"君子远庖厨"之说,现代又有"男主外,女主内"的说法。前者有大男子主义的思想烙印,后者虽说有一定的道理,但有悖于男女平等的思想。更因为现代社会男女都参加工作,家务应该相互担当。男家长若在上述方面积极担当,于家庭和谐有利。

3. 读古代经典。四书五经是中华民族的文化精粹,其中的《孟子》《诗》之类,一般人读起来稍觉枯燥,但其中的《论语》等,因为被引用较多,相对通俗些,而且对提高人文修养很有针对性,有一定文化的人都可以读懂。如果原文读起来有难度,也可读翻译本。在读了上述书籍后,会有豁然开朗之感觉,对治家、夫妻和睦相处会有助益。

4. 复习式读书。一般来说,80后的家庭,大多放下书本还不久,对原来在学校读过的课本,可能还保留着。那也不妨拿起来再翻翻,也许会有"温故而知新"的收获,对处理好家庭成员的关系有好处。

5. 学外文或读外文书。8小时之外,出去走走,到一些旅游景点逛逛,以增长见识,是好事。即使弈棋、养花、养鱼也是一种娱乐。但如果和读书相比,窃以为还是以读书为首选,学外文或读外文书,能吸收新知识、进入新境界。

从以上所列可知,读书与家风有相当密切的关系,这里主要指读"闲书"。

(四)读书改变人生

假如说在一个家庭中,个个有读书的兴趣和传统,那么可以这样说,这个家庭一定是个好家庭,也一定会有好家风。这是因为:书会告诉您正面导向,在获得正面的导向后,您还会纠结于是否吃亏吗?不太可能。笔者对读书的好处和读书对人生的影响,有以下一些体会:

1. 读书可以使人的精神更充实,拥有丰富的知识,使人的思想开阔、境界提升。

2. 读书可以开阔视野。书本中的知识可谓是包罗万象,通过读书,可以丰富知识,拓宽视野。书读得多了,自然懂的就多了,"博学广识"也就是这个道理。

3. 读书可以陶冶情操。当我们生活失意或者需要帮助时，读书会使我们的心情豁然开朗，使我们感到快乐。

4. 读书可以提高写作水平。我们中的多数人，可能有过为写文章而发愁的经历，如写申请书的格式和要素，怎么开头等。在读书的过程中，你欣赏到了许多优美的词句，在写作时，就可以学习和借鉴，取长补短。

5. 读书可以改变人的气质。读一本好书，就像交了一个益友、与一位智者对话，对人的言行举止、处世方式都有益处。久而久之，人的气质自然就会提升。

有人总结出读书的四大好处，列于下，供对照参考：

1. 读书可以提升一个人谈吐的质量和深度。读书可以让你掌握知识，而知识就像呼吸一样，吐纳之间，可以见人的气质与涵养。在某种程度上，可以让你获得优雅的气质，而优雅气质在某种程度上又是建立自信的一种方式，这是读书最明显的一个功效，也是一部分人想要读书的目的。

2. 读书可以保持大脑的活跃。读书可以让你的大脑活跃起来，防止它失去能力。就像身体的其他肌肉一样，大脑也需要通过锻炼来保持它的活力和健康，因此，俗语说"不用就没用"，特别适用于你的大脑。

3. 读书可以减少你的压力，在读书的过程中，可以阅读跟你不同的人，比如来自不同文化或背景的人，能帮助你了解他们的看法，重新审视原有的偏见。比起不读书的人，读书的人会对社会事件和文化多样性有更丰富的认知，读书的人对世界的基本认识也会得到拓展，身处其中更觉得安心。

4. 读书可以使人具有抵抗孤独的能力。这里所说的孤独并不是我们平时理解的孤独，当你在大学时，你会发现你变得孤独了，因为大家都渐渐地迈向成熟，自己做自己的事情，有很要好的朋友,或许你会和很多人都玩得来,但是自己仔细想想,在这些人群当中,有多少人是真的可以称得上是你的朋友呢?

读书可以让你抵抗孤独。书就像你的一个朋友,只要你打开书本,就是在和朋友说话,而且这个朋友随时都陪伴着你,让你不再孤独,而且受益。

本小节核心议题是:要端正和提高家风的台阶,必须先从认真读好书做起,因为读书是认识真理的开始,是接受前人生活成果的结晶。斯帝勒说,读书可启发心灵,就像运动有助身体健康。让我们多读书吧!

【引言】

　　人具有天生的个私属性。《三字经》上有"人之初，性本善"的说法，应该是从勉励人和教育人出发；荀子又有"人之初，性本恶"的说法，说出了人性的一部分，但不够完整，因为人性更有善良的一面。应该这样说，人性有善与恶两种属性同时存在于心灵。有些人善性多一点，有些人恶性偏重些。人性中的善与恶在不断的游弋及变化之中。释家有"放下屠刀，立地成佛"一语，是指人性恶的一面向善良方向变化。虽说有点夸张，但劝人向善，总是好事。

　　人性向善或向恶，有先天秉性的因素，亦受社会环境变化的影响；同理，家庭和家风亦受社会环境的影响。十年文革期间，早期的学生鞭打老师、斗争反动学术权威等暴行，之后有两派严重对立的斗争，家庭成员中有分别参加"保守""激进"组织的，在家庭闹得不开交，有的乃至闹到夫妻要离婚，是社会环境影响家庭和家风的反映。日本侵华期间，大汉奸汪精卫，竟然置民族大义于不顾，投靠日寇，还美其名曰：沦陷区的人民也是我国的人民。真是恬不知耻。

　　同样道理，家庭和谐与否，亦会影响到社会环境，虽说家庭影响社会力量小得很，但掌握权力者的家庭，影响社会环境的力量就不可小觑。以下分：战乱影响家风、政治运动影响家风和自然灾害影响家风三部分叙述。

第3节：家风与社会环境

　　前面说过很多次，中国式家风是家庭的一面旗帜，一个软环境。笔者在本章的第二小节中，已有初步的叙述，但对环境与家风却没有涉及，为了对中国式家风有一个比较全面的认识，为此，有本小节文字的叙述。

这里所说的环境指大环境的变化，比如自然环境的激变、国内国外战争的发生、各种革命性质的巨大变化等。

（一）自然灾害影响家风

给读者朋友们讲一件我亲身经历的事。

广东广州有一份《南方周末》的报纸，在国内很有些影响。当出版到第1267期时，恰逢汶川大地震发生。全国各地的报纸或杂志都派出记者前往采访并进行现场报道。之前几年，我曾是这份报纸的老订户。但因为订的报纸太多，处理很麻烦，所以，就在这一年我没有订《南方周末》，而是到图书馆去阅读；若发现好内容，再去报摊买一份收藏。当出版第1268期时，在图书馆阅览后，我觉得报道汶川大地震的内容很全面，立即到报摊去买，可是，附近的报摊上没有，远处的报摊上亦没有，总之跑遍半个杭州，仍未买到。为什么呢？因为这天的《南方周末》除了报道在党和政府的领导下，各路人马奔赴灾区抢险救灾的动人事迹外，亦记载地震发生后，有一部分灾民哄抢百货店、米店、首饰店等情况，以及在哄抢发生后党员干部带头组织民兵阻止无序行为、保卫人民财产和物质的场景，直到党中央、国务院派遣的解放军、全国各地的驰援队伍赶到灾处，灾害情况才得以缓解。也就是说，报道反映了天灾发生的情况下，除了人间的惨象外，更有人性自私一面的暴露！大多数人愿意看到人性的真相，所以当我再到图书馆想再看一遍时，这篇报道竟然被人悄悄挖走了。

汶川地震发生在四川省汶川县，时间为2008年5月12日，震级为8级，是新中国成立以来，继唐山大地震后的第二次大地震。死亡人数总计:四川省死亡12012人,失踪7841人,收治26206人。绵阳市死亡人数达到7395人（其中北川县死亡7千人),被埋18692人,茂县死亡27人,失踪4人,广安死亡1人,广元死亡700人,学生伤亡400多。德阳死亡2648人,受伤7695人,成都市死亡人数达959人。都江堰市聚源镇中学死亡人数已增至50余人……

以上的伤亡数字还是在社会主义制度下,尽全国之力给予救援的结果,可见灾情的严重。假如换在蒋政权统治的旧中国,全国一盘散沙,救援力量绝对不可能像共产党和人民政府领导下,有如此高效的救助。伤亡数字可能达到几倍乃至几十倍。笔者从报纸上看到温家宝总理历经艰险,亲自奔赴汶川,既在抗灾第一线坐镇指挥,又到各灾民点的帐蓬内慰问,为此倍感我国有这样的好总理而自豪。

地震是自然灾害的一种。它毁灭了无数个家庭,短时间内破坏了原有的许多建筑、社会秩序,产生了恐慌和无序。人们面临的是饥饿、寒冷、暴雨或风沙等生存问题。少数家庭和家人,首先想到的是生存物质,所以发生抢粮食、抢食品等情况;在没有人维持社会秩序时,人的天性会暴露无遗。

但是我们毕竟是文明社会,绝大多数家庭和人民不仅有善良的天性,更有在党和政府的教育下养成的良性文化。当这类无序情况发生后,立即涣醒了多数人的觉悟,在党员的带领下,建立了临时的民兵组织,阻止哄抢,维持秩序,分发粮食等生活用品。而同时解放军部队亦赶来支援。虽说地震的损失客观存在,但人类文明秩序得以延续和较快恢复。

（二）特殊年代的家风

一恍四十年，"文革"过去了。往事如烟，有些过来人已渐渐淡忘。不料忽然看到一张照片，是一位花白头发的男人，乃四十五年前"无限风光"的浙江省革委会副主任张永生是也。而如今他栖息在一间旧屋里，据说是自己动手盖的。又一组书画视频让我惊讶：如此有创意的书画！我禁不住留言："十五年枸禁，将一个青年莽男回归为书生本色。对张永生先生也许是一件好事。"

张永生，1940年11月2日出生于湖南沅陵县，祖籍安徽含山县。1965年考入浙江美术学院（现中国美术学院）版画系，因参加文革并任"省联总"头头，1967年起先后任浙江美术学院主任，中共浙江省委委员，浙江美术学院党委书记，四届全国人大代表，浙江省委常委等职。后因与"四人帮"有牵连，判刑十五年。

早在60年代初，张永生创作的作品《贫协委员》《学习焦裕禄》《围海涂；造良田》等在《人民日报》《浙江日报》《农村青年》等刊物发表。其中《贫协委员》《试试爷爷的枪》被荣宝斋、天津博物馆、大同文化馆等单位收藏。并入选中国版画优秀作品，曾在日本大阪、神户等地巡回展出。

出狱后的张永生，潜心于学习探究中国画、书法、篆刻，继承弘扬传统，重于创新。默默无闻地耕耘画坛十八年，特别在书法方面通篇连书四体字和五体字组合，吸收篆刻残缺，使用断笔法，新创独家一体隶书。

笔者在这里主要讲在特殊年代的家庭和家风。在文革期间，几乎是全民参加运动，有一些家庭成员参加不同组织，有的夫妻分别参加造反派或稳健派，有的父子参加不同"造反"派组织，由于观点不同，双方往往争得不可开交，使原来的和睦家庭，变成了"乱头风"家庭。表面上看是两派不同观点在家庭内部的反映,是从本质上认识:人之初,心本私的反映。以少数"分裂型"家庭来说,显然深受大环境的影响。

关于张永生的家庭和婚事以及环境与家风,这里再延伸一下。张永生出身于平民之家,在文革期间崭露头角后,引起当年江青择婿的注意。由于毛泽东主席规定:李讷择婿必须不是高干家庭,因此张永生符合江青择婿的考虑。曾要张春桥找张永生到上海"谈话",当然真实目标是不透露的。在交谈中,张有锋芒毕露的表现,张春桥将交谈印象告诉江青后,这桩择婿轶闻就此画上句号。

(三)战争年代影响家风

战争是人类的灾难,为了战胜敌人,不惜制造飞机大炮,消耗大量有用物质,牺牲无数战士和平民的生命。故而历史以来,都有反对战争、主张和平的高人出来说话。春秋战国时期的墨子就是一个和平主义者。不过,为了阻止侵略战争的正义自卫,当属必要。如1937年中国人民进行的全面抗日战争。在正义的旗帜下,多少家庭分崩离析,家风问题因此改变。下面且看一看国产优秀影片《一江春水向东流》所描写的故事,印证民间的一句俗语"夫妻本是同林鸟,大难到来各西东。"这个大难,就指战争。是指战争年代某些家庭容易发生变化。故事情节大致如下:

上海某纱厂的女工素芬和夜校教师张忠良相识并相爱。张忠良为宣传抗日,给义勇军募捐,引起纱厂温经理的不满。没多久,素芬和忠良结婚了,一年后有了一个儿子。

抗战全面爆发以后,忠良因参加救护队离开了上海,与亲人告别。素芬带着孩子、婆婆回到乡下。但农村已被日寇侵占。

忠良的弟弟忠民和教师婉华参加了抗日游击队。父亲因向日寇要求减少征收粮食，被吊死。素芬又和儿子、婆婆回到上海，到了难民事务所。

忠良在参加抗战过程中历尽磨难，好不容易逃到了重庆，但无依无靠，为生活所迫，他去找在抗战前认识的温经理的小姨王丽珍。已成交际花的王丽珍在干爸庞浩公的公司里给忠良找了份工作。渐渐地，忠良经不起堕落生活的诱惑，终于和王丽珍结了婚。

与此同时，素芬和婆婆则过着艰难的生活。忠良当上了庞浩公的私人秘书，终日穿梭于上层社会的人群中，将素芬等早已抛置脑后。

抗战胜利后，张忠良回到上海，住在王丽珍的表姐何文艳家里，又与何文艳关系暧昧。这时，素芬为生活所迫，阴错阳错地去何家帮佣。一次在何文艳举行的晚宴上，素芬认出了丈夫忠良，一阵心酸，失手打落杯盘，四座哗然。素芬从混乱中逃出王家。

翌晨回家，接忠民来信，喜报已与婉华结婚，在根据地工作，并向兄嫂祝福，素芬读信，泣不成声，始把实情禀告婆婆。

婆婆愤极，即携素芬母子来找忠良，老母声泪俱下，当面痛斥儿子，力劝忠良不应喜新厌旧。

此时王丽珍从楼上直冲下来，猛掴忠良耳光，极尽撒泼之能事。忠良慑于淫威，唯唯诺诺，不敢吭声。素芬在绝望中奔至江边，纵身投进黄浦江。老母坐在江边号啕痛哭。

以上虽为电影基本情节，但真实地反映战乱时代的一部分家庭生活和家风变化。张忠良本是个有为青年，有一妻一子一份平安且幸福的家。可是在战争环境的影响下，不得不与妻子素芬分别去大后方，在历经劫难中，认识了王丽珍这个富家女。王欣赏张忠良的勇敢和才华，很有好感，张在患难中碰到一份送来的感情。内心的欲望压制了道德的底线。在善良与邪恶的斗争中成了邪恶的俘虏，因此，隐瞒了已有妻室和孩子的事实，与王丽珍结婚。

这个故事说明战争环境改变中张忠良原生家庭纯朴的家风，破坏了张家原来的家庭关系。均与人性之私有关。

（四）环境与家风综说

人性之私是一个自然现象，教育能够影响人的个私性的"度"，也就是说，通过正面教育，使受教育的人不要让自私心膨胀，宜适度。基督教徒的祷告和忏悔，就是要求信众克服自然产生的自私心。佛教的节欲之说，也是劝人抑制自私心膨胀的说法。古哲人曾子的"吾日三省吾身，为人谋而不忠乎？"，也具有抑制私心膨胀的意思。

现代城市，灯红酒绿，物欲横流，都是诱发人性私欲的因素。一些原来很清平的官员走上领导岗位后，权高位重，受到不法商人的注意和引诱后，不幸被糖衣炮弹击中，有的成为贪官污吏，有的蜕变成黑社会的保护伞，有的成为历史罪人、阶下囚。从现象看是权欲所致，实质是：私心膨胀的结局。能抑制私心膨胀的家庭，笔者相信家风不会差。

一般来说，每个人，最基本的接触有两种，一为精神的，它无需刻意制造，会在人与人交往的过程中，自然出现或形成。另一种为物质的要求，在文明社会，它的获得，必须刻意去制造或创造。换言之，物质生活，是人类最基本的生存要求。希望生活过得好一些，本是无可厚非的事，只要合法、适度，都是可以理解的。

然而有些人私心过度膨胀，乃至在人类出现危险时，乘机出手，被称发国难财。即如前些时冠状病毒肆虐，口罩比较紧缺，竟然借机抬价。再如早几年笔者时就碰上口罩抬价之事。

一天上午，我因出门办事，看见天空灰蒙蒙的，原来是雾霾在作怪。因为门不得不出。就在巷口的药店买口罩，不料一问价格，一只普通口罩竟要三十六元。比平时涨了八倍。但口罩不得不买。虽说这仅是环境与店风的关系，但如果这家店的老板有商业道德、有好家风，恐怕不至于这样做。

在自然灾害面前，人人面临生死亡的问题。这时最能反映人的原性及其教养程度。从《南方周末》的现场报道来看，最初时，由于饥饿和寒冷，出于生存的需要，有人在倒塌物中寻找食物，是人的原性所致，谈不上"人之初，性本恶"，而且是少数人。在废墟中寻找水和食物时，意外发现竟然有钟表、首饰之类的高档消费品。这就引起了少数人的贪欲。于是在找了食物的同时，开始寻找贵重东西，并出现哄抢的局面。但我们必须看到，这部分人毕竟是极少数。更多数的从哄抢到有序，是人性从个私向良好、有序的转变。亦是好家庭、好家风在自然灾害面前的反映。

【引言】

每个家庭都会有新生的孩子，或男或女，每对年轻的父母各有所爱。一般来说，农村的家庭大多喜欢男孩子，城市家庭有部分夫妻想生女孩，比较体贴父母之心。

生育孩子对家庭来说是一种喜悦。喜悦表现为寄托希望，而寄托希望又常会反映在给孩子取名字上。一般来说，名和字是两个概念。在传统社会，孩子新生，就需要称呼他或她，这就是名，或曰小名，是口头称呼的"名"。上学以后，取个正式的"名字"，一般来说这就是"字"，特点是用来写的。大致在辛亥革命后，绝大多数家庭已经将名字混为一体，到今天，多数家庭不再将名和字分开。我们从户籍资料可知，一般只有一个正式的姓名，另有曾用名一栏。

孩子的名字寄托了父母对孩子的希望，这种希望很大部分与家风有关。如上网搜索，在名字中含有德、智、勇、仁、英、慧、美、君等字的大有人在。前四字大多用于男性，后四种常用于女性。为孩子取名字，也有取含纪念意义或便于记忆的，总之是多种多样的，有的名字与家风有联系。

第4节：为孩子取名谈家风

为新生孩子取名字是每个家庭都需要面临的事情，有的人家爱孩子心切，刚刚怀上身孕，就急着为孩子取名字；有的家长，自己不通文墨，就请文化比较高的亲友代取名字，更有一部分家庭，其名字具有"同字"元素：同辈分的兄弟姐妹有一字相同或名字中用同一偏旁的字。所有这些，均显示对后代子女有不同的期望。

取名字与家风有关吗？笔者认为有关，亦包括成年后，由本人申请改名字，以下分别述说。

（一）从取名字谈家风

多年前，胞妹惠英来信报告她已怀孕的喜讯，同时要我为她未出生的孩子预取一个好名字，她又说，最好取一个男孩的名字，另附取一个女孩的名字。我问："对孩子有何期望？"她答："希望孩子长大后比我有出息。"

取名字一般有几种需求：

一是希望孩子长大后做个诗书传家、有好教养的人。

除孝敬父母外，对外人应仁义道德。因此，中国人的名字中含有德、忠、智、仁、明、英、惠、淑等字的特别多。我的一位老同学的名字就叫"维德"，有德存于心之意。又如"卿"字亦受不少家庭欢迎。绍兴旧时最大的百货店名"源兴恒"，经理名"曹冠卿"，含有其冠于诸卿的文化期望；杭州有个词人名"吴亚卿"，显得比较低调，家人希望他是个文化人，如此而已。

二是朗朗上口，叫得响，并且没有谐音之弊。

"叫得响"比较容易理解，如鲁迅小说中的"九斤"，虽说土气，但叫起来很顺口。没有谐音之弊，就是在取名字之际要多读几遍，若发现拟好的名字有谐音之弊，就得放弃另起；有时还须与姓连起来读。如有家姓章的人家，第二胎生女孩，取名又平，因其姐的名字叫丰平，遂取为又平，原以为很合适，但在又平参加工作后，被人取了个谐音的绰号"酱油瓶"。

三是期望孩子健康成长。

在旧社会，卫生水平很低，无论是在城市还是乡村，孩子的死亡率较高。为了让孩子顺利成活和健康成长，将孩子取名为小狗、阿毛的比比皆是。原因是猫和狗在恶劣的环境中亦能生活成长。改革开放后，尤其从确立并践行习近平新时代中国特色社会主义思想起，人民的生活水平迅速提高，卫生大大地改善，人的寿命普遍延长，这类名字几乎绝迹。

四是取容易识别的名字或有纪念意义的名字。

有一次，笔者参加一个饭局，同座有位陌生男子出于友好递来一张名片。我看到上面印有"许春夏"的名字，脑子中立即跳出"此人可能出生在春季与夏季之间"的想法。为了验证自己的判断，我冒昧地问了一句："阁下可是出生在四月？"这位陌生朋友很爽气，回答说，"正是，且是四月十五日！"接着他又客气了几句："我在电视台工作，做的是导播，有空请来指教。"还有我的朋友蒋豫生，虽说他的老家在杭州（余杭区）塘栖镇，但他的名字一看便知，他的出生地在河南。这是一种寓名于特殊日子的方式，从而可以推断出这类家庭的家风"有意思"，不刻意。

五是取带有特殊含义的名字。

绝大多数家庭的家长，并不期望孩子做高官、发大财，而是希望孩子平平安安过日子，为此，他们在给孩子取名字时，带有期望色彩。如绍兴有位名棋手，名字叫荣富。另如有户人家生下一子，恰恰在立春这天，全家三代人均在，爷爷是个聪明人，顺口说，就叫"立春"吧！这是具有纪念性的取名字的一类方式。就家风来说，这类人家普通且平和，大致属和谐家风的一种。

上文说到胞妹让我取名字，我给取了两个名字，若生男，取名"海为"，若生女，则叫"海慧"。"海"字是因为她住在舟山，系海岛；用"为"不用"伟"，既是免俗，亦有"作为"之意；至于慧，用于女性比较合适。

上述的取名字与家风的关系，以第一种需求最切合。

（二）从改名字谈家风

一般人的名字，大多由父母在出生时取，是中国传统意义的名，如上面提到的"立春"，既有纪念意义，又朗朗上口，另有期望孩子如春天般蓬勃之意。

由于新文化运动的影响，名字大致从民国时期起开始变化。一般将孩子刚出生时喊的叫做"名"；当其达到上学（或进幼儿园）年龄时，往往另取一个"字"，俗称"学名"，即旧时读书人家的"字"。以笔者来说，在学龄前叫"庆祥"，进杭州震旦小学读书时，父亲请先生另取了一个"字"（即书名——字汉章）。新中国成立后，为了便于户籍管理，公安部门将"名"和"字"统一为"名字"，取消过去民间文化人沿用的名、字或号，关于名字，以一个"名"为准，另一个"字"，以曾用名取代。就个人称呼而言，称为"姓名"。当然如果本人愿意用"字"作"名"，那么之前的"名"，就作为"曾用名"。所以现在户口登记，只有"姓名"一栏，再加"曾用名"一栏。

不论是哪一种名字，在孩子成长过程中或成人后，可能会因各种原因改名字。且举例如下，足以说明改名字也是一种需要。

例1：笔者原名"庆祥"，高中毕业时，自认为太俗气，将"庆"字改为"清"字，寓意仍然存在，清者清白之意、祥者祥和之意。后来因为笔者学的是文科，走上研究与写作之路，觉得写稿子的文字要清楚，改稿、审稿宜详察，否则编辑先生会有意见，又改"祥"为"详"。为什么呢？有两个原因。一是我读书求快，不够细致，常常搞错古文中的字，有一次竟然将"候"字打成"侯"字。次数多了，引起我的警觉，便想在自己的名字中有所体现。

二是"徐清祥"这个名字用的人不少。如我的一本书《中国式婚姻》出版后，网上有推荐介绍。最后有那么一句"欲了解作者的情况，请在网上搜索'徐清祥'可也"。然而上网搜索词条"徐清祥"，弹出的却是搞营销培训生意的徐清祥。使我不得不向百度及推荐人王老师发表声明，希望王老师洞察秋毫，但这个烦恼始终未解。最后促使我再次改名的原因是，一次，我在《杭州日报》发表了一篇《春天，到古村落去走一走》，六千多字。稿子发出后，有个叫胡秋芳的告诉我，"祥"字写成"详"字了。我一看，果然，但这件事启发了我：读书读字，不是应该求细求详吗？"详"字于我更合适，这两件事合并起来，使我有了再次改名的想法。

三是在网上输入"徐清详"，居然很少有重名的，就这样，我的名字改成了"徐清详"，寓意亦改了，希望今后做文字，求详求细；做人千万不要大意；树立起清白、细致的家风。

例2：有社会阅历的人大多知道，我国城乡有许多用"招娣"作名字的女性。我国第一代女排名将中就有个叫"陈招娣"的。为什么取"招娣"作名字呢？一是"惯例"，二是期望。如我的一位朋友，结婚多年，生育了两个女儿，但他不甘心没有儿子，因此就为二女儿取名"招娣"，即招来弟弟的寓意。但转眼到了20世纪80年代，国家出台计划生育政策，已生有两个女儿的朋友，当然不能再要三胎，也就是说"招弟"的可能性已经不复存在了，他们就为次女换了个名字，从此不再拜佛求子了，家风稍有变化。

（三）从家族行辈名谈家风

中国的农村有一个显著的特点：以单姓为主的村庄较多。如有"天下第一古村"之称的俞源村，始迁祖俞涞是个读书人，在外地为官，因父丧，扶柩回乡，途经俞源村（当年不叫俞源村），见此地山水风光特别好，遂留下在此定居，之后由于家族人口繁衍，故取名"俞源村"。又如兰溪辖下有个诸葛八卦村，多为诸葛亮后裔，以姓名村，故名诸葛八卦村。

由于家族人口聚居，奉行耕读传家之风，他们的宗亲观念很强，大多修有家谱、宗谱。记载家族发展的经过、历代的大官和贤哲、宗亲的姓名等内容。之后，宗亲人口不断扩大，为了区别辈分，族长大多召集宗亲开会议事，从而确定行辈用字，以便很快区别出族人属第几代。根据笔者的调查研究，大体有两种方式：

第一种，同一行辈用相同的"字"。这种方法流行于种姓繁衍较多的宗亲中。如大慈岩镇新叶村和里叶村，以叶姓族人为主，由于村庄相对独立，每个村的人口不多，就用同一字作为行辈的区别。如笔者曾经借宿的叶家，兄名"同宽"，弟名"同猛"。"同"系行辈字，用"宽""猛"，有宽猛并济之意。

第二种，用同一偏旁作为行辈字，以示区别，且扩大了取名字的范围。笔者写作《袁枚正传》时，查阅过袁氏宗谱，知道袁家的发展有多代很显达。故袁枚有诗句"我家虽贫寒，氏族非小草"。袁家为了区别行辈，单独用字以志区别行辈，已有不够用之虞，就考虑用字的偏旁作为行辈的区别，以免发生混淆。如袁枚的上一代为水字偏旁，父亲叫袁滨，叔父叫袁鸿。袁枚这一代采用木字偏旁，他的三妹叫袁机、五妹叫袁棠、堂弟叫袁树。袁枚的下一代，取"走"字为定向，其子为袁通，次子叫袁迟等等。

我国的传统文化既讲究风水，亦重视阴阳五行，就袁家的行辈字为例，其中一轮取向为"金木水火土"，以后一轮采取何种方式，且听下回分解。

（四）取名改字与家风余话

笔者在第一小节谈了取名字与家风的关系，主要内容是：为孩子取名字要有寓意，要朗朗上口，还要没有谐音之弊。这些属于技术层面的事,与家风虽有关,但并不密切。以下我们再谈谈与改名字和家风有关的事。

特殊情况下的取名或改名。王国维先生是我国近现代国学大师,他生的前四个女儿均夭折,这是旧时代卫生条件差之故。当生育第五个女儿时,王先生分外喜爱,他"迷信"了一下,认为既然女儿难养,那就将五女儿的名字取为男性化的名字吧。据王东明《王国维先生与我》一文载:"我最得父亲的宠爱,他说'我是米里捡出来的一粒谷'。"又写道:"父亲为我取名字,也是煞费苦心,以前女孩子取名都取女性化的名字,但是我家的女孩不好养育,因此他把我的名字排在男儿的'明'字辈,取名'东明'。"

有些人家常有丈夫酒后殴打妻子的举动,又有些人家的家长私心较重,对孩子做"坏事"不管不教且有袒护等行为,但他们在为孩子取名字时,总不会取好斗争、强者为王式的名字。而是取一个仍然很好听的名字。他们只是想博取一点好名声,但心口不一,有的知道这种矛盾,有些并未认识到这个层面。曾听到这样一个故事:某人名字叫"德强",寓意是德行强。长大后,该人遇事总要逞强,让人有点头疼,这个名字与好家风有点不贴合。

在结束本节文字前,笔者呼吁家长为孩子取名字时,最好与家庭教育联系起来。

【引言】

　　宠物应该包括动物、植物和静物三大类。有雅致与市俗之分，是人们物质生活丰富后欲望的延伸或精神的寄托。动物类宠物以俚俗的居多，其中养犬、猫为大多数，在城乡都较为普遍。警犬、导盲犬、看门犬因为具有实用性，不应视为宠物。不具有忧民可能性的宠物应视为雅致类宠物。植物类宠物大多具有观赏性质，有雅的属性；静物类宠物，大多属于收藏或纪念性质。通常所说的宠物，大多指动物，如猫、狗、金鱼及鸟等。

　　表面上看，养宠物是人类社会物质生活发展到一定程度的必然产物，有精神寄托作用，本质上讲则是人类欲望的延伸。一些人强力为宠物争取权利，是精神寄托和个人私欲双重满足的反映。在城市里最大的宠物群体为猫、狗，并因此生出不少是非，各地还为此制订了专门的法规。

　　养宠物是为了玩赏、精神寄托，一般为个人行为，但因为一些动物行为，引起邻里纠纷的也不在少数，比如抓伤咬伤、叫声扰民、随地便溺等。旧时民间有"声色犬马""玩物丧志"之说，带有些许贬义。

　　本小节讲述养宠物与家风的关系，较多篇幅在于城市养犬猫要守规矩、讲道德、讲文明，勿以个人偏好影响公众利益。

第5节：家风与宠物偏爱

　　养宠物与家风有关吗？应该说有关。首先是家风的形成有多种多样的因素；其次是所养宠物有雅俗之分，即动态宠物可能影响别人和不会影响别人的宠物之分。一般情况下养宠物很难说是好家风的体现，相反，倒有些"玩物丧志"的味道。

当代社会，大多家庭生活水平有所提高，也就是说，既有充裕的业余时间，又有不少闲钱可支配，而且还有精神寄托需要"找出路"。出路多种多样，养宠物即为其中之一，这就和家风的正与斜、普通与"上行"有关。笔者认为养宠物与高尚家风无关，但它却是一股世俗潮流，很难阻挡。

（一）动物宠爱的起源

偏爱动物，亦称宠物，或称养宠物，一般多指向动物，对植物或固体物的钟爱，一般称为爱好，不称为"宠物"。对动物偏爱属于"俗"的范畴，仅有少数动物偏爱者，具有"雅"的属性，其界线在于是否招致他人的不满。

关于动物偏爱的起源，大致有以下几种说法：

1.实用起源说。

(1)对物的偏爱，它应该起源于实用性。一种说法是最早缘于对马的爱好。持此说者认为：宠物起源于养马。在古代，马的用途很广，作用远大于狗，既可用作交通运输工具，又可用作战事配备，既有快速运输的优点，又具有简单易养的方便；既可作为公共使用，又是个人养殖或营商之物。一些大城市大多有马市街的地名，就是古代对马进行交易之处。一般来说，在古代一匹马的好或差，对个人前途或命运会有很大影响。推而广之，一群马对国家的命运都会有影响，古代为抵御战斗力较强的骑兵入侵，才有了万里长城之筑。

由于马匹的作用很大，因此引起人们对它的喜爱，久而久之，成为一种偏爱。过去官家养有大量的马，其中就有特别珍贵的汗血、追风、赤兔等宝马良驹。

(2)狗是狼驯化而来，它从野生到家养，约有三千多年历史。

它的被驯化、家养，应该和情感依赖有关。当人类给予野狼以食物、居所等条件后，狼就产生对人的依赖和感情，并帮助人类狩猎、作战、看家，日积月累，这种感情就越来越深，逐渐由狼转变为狗，且品种日益增多，有的狗甚至为主人牺牲自己，为此被称为义犬。

2.精神寄托起源说。

人是社会性高级动物，人性有善恶等不同秉性。按释家的说法，人有喜怒哀乐等七情六欲，为了生存，人需要各种物质，这就有了占有的欲望。无论在古代还是现代，当一个人拥有一匹好马、一条忠犬、一只八哥等宠物时，炫耀心理得到满足，就形成了对该动物的宠爱，是谓精神寄托起源说。

（二）市俗宠物的利与弊

养市俗动物大多指养猫狗，有利亦有弊。先说利。

1.其利不少，文明更重要。

(1)陪伴老人，聊解寂寞。

很多人养宠物是为了寻求精神寄托，尤其是一些独居的老人，儿女不在身边，养一只小猫小狗做伴，无疑会增加很多生活乐趣，同时，孤寂的心也在一定程度上得到安慰。比如冰心、季羡林等知名人士在晚年都爱上了养猫，甚至还为此写过不少文章。

(2)培养爱心。

人在童年时，有爱玩、躁动的天性，在生产力还不发达的旧时代，大多数儿童不能进入幼儿园，有的养蚕，名之为养蚕宝宝，观察其慢慢长大，从中感受生活情趣和培养爱心。有的秋季养蟋蟀，看其中斗咬时的刺激。笔者认为前者有培养爱心之益，后者虽亦有培养爱心的成分，但乐于看其斗争，亦有副作用。

(3)看家护院,保护主人。

曾看过这样一个事例,2015年,南非开普敦的一对夫妇收养了一条流浪狗,并为它取名梅里。没多久,有劫匪持枪闯入他们家,梅里毫不犹豫地挺身而出,挡在主人前面,即使右腿中弹,它仍不停向劫匪狂吠,直至将劫匪赶跑。最终,梅里右腿因受伤势过重被截肢了,但也因此赢得了当地民众的尊重的喜爱。世界上类似这样的事件不胜枚举,在此不赘。

2.其弊不少,有时还很大。

(1)狗的特点是忠诚和机警,一遇生人靠近,即吠叫不止,对主人是一种保护,但对邻居却是烦恼。猫虽然不用出去遛,但发情期叫声也很大,因此,养猫、狗者被投诉是常事。

(2)爱狗心切,因狗惹祸。媒体上此类报道屡见不鲜,例如出外遛狗,因不拴绳而暴起伤人;自家狗被骂被踢后,为护狗而大打出手,等等。如此免不了治安处罚、对簿公堂。

(3)污染环境,耗费精力。

猫的气味不仅影响自家环境,养多了还会波及到邻居及周围,引起一些不愉快;养狗免不了会遛狗,狗屎狗尿拉在公园里、楼道口、路旁边是常有现象,对公共卫生不利。有些养狗人很自觉,会及时清理粪便,但也有一些素质差的养狗人,不但不拴绳,还听任自家狗随地大小便。

养猫狗需买猫粮狗粮,为它们洗澡、治病等,不但增加家庭额外支出,还耗费大量时间精力,可谓得不偿失。

(三)养雅致宠物利于好家风

从对家庭生活是否有益考量,养宠物谈不上好处,但养育雅致宠物应该例外。以下且让我们看看什么是养雅致宠物。

183

雅致宠物的种类很多,这里先谈动物类。动物类宠物亦不少,这里只谈鱼和鸟。

1.家养鸟类:

笼养鸟,每个养鸟人各有偏爱,有的看重形体和毛色,有的注意鸟的鸣声和学语,有的为了易养或省事,因此有不同版本的十大宠物鸟的说法。

百灵。是国内外知名的笼养观赏鸟之一,受人欢喜的原因是鸣叫声响亮且能持续很长时间,声音委婉动听,增加家庭内环境的优美,在笼养环境中能歌善舞,有鸟中歌手之誉。

画眉。中国四大笼养鸟之一。眼圈白色,其上圈白色后延成一条细线,直至颈侧,形同眉纹,故名画眉。声音悠扬婉转,悦人心性,讨人欢喜。与其他宠物鸟相比,比较好斗。

绣眼鸟。中国四大名鸟之一,因其眼圈有一圈白色短羽毛包围而名绣眼鸟。鸣声清脆响亮,繁殖期的雄性鸟,鸣声特别清亮且频繁。性情活泼,高度群集。嘴细小,在野外环境时,常在花丛觅寻昆虫为食。

靛颏。中国四大名鸟之一。另有一个很好听的别名:红颜。红喉歌鸲,以食昆虫为主,如蝗虫、蚁类、亦食少量野果或杂草种子。繁期在每年的4-6月。

虎皮鹦鹉。又名娇凤,原产地澳大利亚,性情活跃且易于驯养,且价格较低,受大众喜爱,据说全世界被笼养的有五百万只以上,可以说是大众化的宠物鸟。

八哥。重要的农林益鸟,虽性情活泼,但易于笼养。能模仿其他鸟的鸣声,也能学主人的说话,是一种比较普遍被家养的宠物鸟。

金丝雀。又名芙蓉鸟、白玉鸟等,鸣声与羽毛色兼优的宠物鸟。在国内外均被视为高贵的观赏鸟,但喂食要求较高,因此养的人较少而显得高贵。

太平鸟。中国传统笼养鸟之一,虽然没有动听的鸣声,但此鸟形象俊美,懂得人意,经过一定时间的训练,此鸟能完成叼纸牌、取硬币等杂玩。鸣声清柔。受人欢迎。

七彩文鸟。身披七种颜色的羽毛,故名,也有仅五种彩色的,但仍呼为七彩文鸟。

相思鸟。形体矫健玲珑,鸣声幽雅清脆,羽毛美丽,性情活跃好动,在笼养条件下,喜欢跳跃。养育此鸟,家中会增加活跃的气氛。

2.家养观赏鱼类。

虎头金鱼。形态外观如其名字一样,虎头虎脑,十分可爱。它有胖胖的脑袋,浑圆的短身,没有背鳍,但线条优美流畅,从头到背、再到尾巴呈现半圆形。尾鳍左右对称,张开有力。品种颜色多样,有黑色、白色、红色等。

红白草金鱼。历史悠久,颜色红白相间,身形扁,似纺锤,头部尖,有较大的背鳍和胸鳍,尾巴似剪刀,适宜观赏和饲养。

龙睛金鱼。是金鱼的代表品种,人们最为熟悉。这种金鱼的两只眼睛比寻常金鱼大,且向外突出,犹如两个灯泡,身形短,游姿矫健,尾巴很大,像展开的扇面铺开的绸缎。

蝶尾金鱼。是龙睛金鱼品种上发展出的一个分支,眼睛、身形与龙睛金鱼相似。但其尾巴展开后状如蝴蝶,在水中尤为飘逸美丽。是观赏鱼类的绝佳选择。

鹤顶红金鱼。外形和丹顶鹤有异曲同工之妙,都是在头顶生着一抹红色,除此以外,通身洁白。有背鳍,尾鳍似剪刀,可用来观赏。

我有位朋友名顾成子,银行的中层干部,退休后偶尔写写回忆性文章,其中以赴朝作战的题材为多。为了过好退休生活,顾成子先生既养鱼亦养鸟。每次走进他的客厅，首先听到的是来自笼中的欢迎声"你好"！原来是他家八哥的叫声，清脆响亮，感到十分亲切，又有一种处在大自然环境的"清新气韵"。落坐之后，首先见到的是玻璃大水柜中在水草中游弋的金鱼。从金鱼的自由自在，宁静且无忧，让生活在红尘中的我，追求欲望之心，仿佛淡泊了一些。

成子先生养鱼鸟多年，这方面的知识和经验很丰富，他告诉我这些年养鱼养鸟的几点认识：

一是陶冶心情。能够抛开一些人世间的是非烦恼。顾先生在部队时，曾作过文化教员，爱好写作。观赏金鱼游弋，常常让他心生灵感，心情放松，最后出版了文集《心路历程》。

二是优化环境。现在的城市人家，生活条件多数在小康水平。将住房装饰一下，是很平常的事，只是仅有"金壁辉煌"，毕竟是静态的环境，缺少一点活气。而在家里养些雅致的喜欢的小动物，不仅养眼，而且有静有动，增加灵气，对居住环境是一种优化，何乐而不为呢。

三是既可自赏，也可"宴客"，作为交友的一种道具。在社会上爱好养鸟养鱼者不在少数。养鸟者大多喜欢拎着鸟笼，暂时离开钢筋水泥的住所，至公园、山上亲近一下自然环境。大多会碰上同好，并相互交流一下养育"雅宠"的心得体会，多了一个交朋友的渠道，他说：这是一种很好的文化生活。

总的说，养育雅致宠物，由于具有自我精神慰藉作用，同时不可能侵犯他人利益，因此称之为雅致、雅玩，是恰当的。在城市，宠物爱好者以选择雅致宠物为宜。

（四）节制养宠物的欲望

社会是多元的，家风有多种类型，人生可以有各种活法。在人类社会的文明程度发展到一定高度后，由于物质生活的富裕，将养宠物作为一种精神寄托，应该说也是一种生活方式，特别是现代社会，物质生活丰富，而自己又较少有其他信仰或革命理想，那么作为一个平民，将养宠物作为一种业余爱好，得到一点"乐趣"，又何尝不是一种生活方式？

不过，我们必须明白，养宠物毕竟是自家的私事，以不影响他人、公众、邻居的利益和权利为底线，换句话说，要注意养宠物的度，既有宠物种类选择的度，亦应该有数量上的度。是否请注意以下几点：

1. 在城市不养大型犬，更不能养烈性犬。前者虽说有规定，但有些人法制意识很淡，还有偷养的。

2. 宠物有多种，以养育文明程度高的为宜，即不致损害公共利益，又免却遭人非议，给自己带来麻烦。

3. 请不要养异样宠物。有人养蛇、养蟑螂、养蜘蛛、养蜥蜴，怪癖到让人难以置信。

第六章　职业影响下的家风

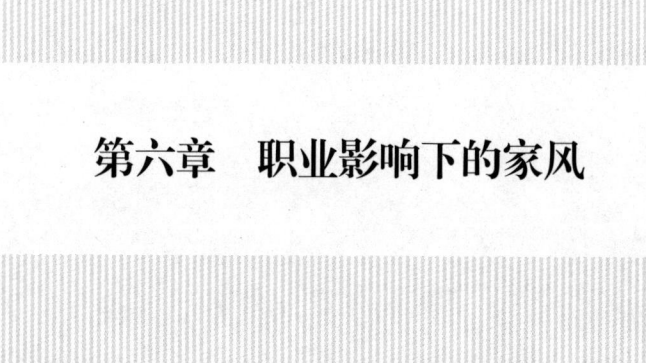

【引言】

公务员是个大概念，它是指依法履行公职、纳入国家行政编制、由国家财政负担工资福利的工作人员，是干部队伍的重要组成部分，是社会主义事业的中坚力量，是人民的公仆。

生活在每个家庭的成员，大多会有与公务交集的机会，诸如婚姻必须登记才具合法性，企业的排污必须经环保部门评估审批才能营业，居民身份证必须到公安部门拍照才能领取等等。从另一角度看问题，每个公民处在社会生活中，必然会和公务员发生交集，公务员的权力大，责任也很大。

正因为公务员权力大，为此公务人员的家庭，更需要注重家风建设。因为他们都是从每个家庭走出来的；在良好家风的熏陶下，走上务公岗位后，应回避各种不当得利的诱惑，才能够抵御"外侮"，而做个清廉、勤政、真正为人民服务的公仆。以下从四个方面来说公务员家庭的家风。

第1节：公务员家庭的风气

公务员，通俗点说叫干部，或称官员。在现代社会，几乎每个家庭都离不开公务，而且大多数公务都会链接到私利，即使自己是公务员，亦一定有其他与公务相关的事情。

公务员最明晰的机构是各级人民政府及其职能部门。在我国，党团、人大、政协机关，各民主党派、工商联都可归入公务机构范畴。在这些机构工作的专职人员，都具有公务员属性。

（一）倡导高干家庭好家风

在 2016 年 12 月 12 日第一届全国文明家庭表彰大会上，习近平同志的讲话对高干家庭的家风建设也提出了要求。只有高干家庭有廉洁奉公、遵纪守法的好家风，才能要求和带动下级干部及全国民众和全体家庭有好家风。

应该说绝大多数高干家庭都具有良好的家庭教育和家风，他们在党的领导和教育下，树立全心全意为人民服务的观念，在工作中勤奋努力，在家庭生活中以示范行动做好表率并教育好子女。对高级干部的要求，首要一条是清白做人，这是中国共产党领导的革命初心所决定。更何况党考虑得很周全：给予各级干部以比较合适的待遇。在此前提下，如果不能做到清白，那么这个高干一定是假革命。至于在家内如何种贯彻初心，是职责所在。关于革命干部严格要求自己和传承好家风，事例比比皆是。

试举例如下：

1. 李大钊的后裔李葆华、李宏达清正平易家风。

李葆华（1909—2005）是中国共产党早期的卓越领导人李大钊之子，曾任中央委员、水利电力部部长、安徽省委书记、中国人民银行行长等职，2005 年 2 月 19 日于北京逝世。

李葆华的严谨家风，可从其子李宏达的表现看出。李宏达在其从政生涯中，从不说父亲或祖父李大钊的关系。在社交圈里，流行红二代、红三代的说法，他自己从不参加这类聚会，踏实做好自己的工作。

2. 沈祖伦真诚坦率、实事求是家风。

沈祖伦系浙江省前省长。他分管经济工作，作风踏实，深入基层，平易近人，被誉为"平民省长"。他曾拒绝就任浙江省委书记、拒绝入住杭州西湖边的省领导住所。2016年,沈祖伦的老伴去世,他捐赠了家中的私人物品,住进了民营养老院……种种作为,可见其平凡踏实的亲民作风和无私奉献的高尚家风。

正因为有许多对党忠诚、对事业负责的高干,才有对下级干部的影响力,起到上行下效的作用,对社会的安定团结和增加党群凝聚力等方面产生了积极作用。

(二)基层领导干部应有的家风

我国的行政体制以县、乡两级作为基层,因此,县、乡两级领导干部是最直接接触广大人民的领头羊,他们的作风正派、端正了,百姓的作风、家风才能端正,生活才会幸福。

2015年5月20日,人民日报在头版头条刊登了《清白持家 简朴本分 为民奉献——谷文昌的家风》一文,事迹感人,令人赞叹。

福建省东山县原县委书记谷文昌去世已34年,但谷家"清白持家、简朴本分、为民奉献"的家风仍在当地干群中传颂。

谷文昌对待子女一贯严格,甚至显得有些"不近人情"。他的5个子女在工作、生活上没有得到过任何"特殊照顾",甚至政策允许的事,他也不为子女"争取"。

1976年,谷文昌的小儿子谷豫东高中毕业,最大的愿望是到工厂当一名工人。当时谷文昌夫妇已是花甲之年,子女都不在身边,按照政策可以留一个在身边工作。谷豫东向时任地区革委会副主任的谷文昌提出留在父母身边,谷文昌沉默许久,还是劝他下乡接受贫下中农再教育,说:"我是领导干部,不能向组织开口给孩子安排工作,不然以后工作怎么做呢?"

谷豫东说:"遇到工作调动、个人待遇提升等关口,我们也曾多次向父亲'求助',但他的回答永远是'要靠自己的本事吃饭,不能靠着我的关系向组织提要求、要待遇'。"

谷文昌身边的工作人员潘进福、朱财茂说:"谷书记公私分明,从未利用手中权力为家人牟利,他的 5 个孩子都是自食其力,没有沾过父亲的光,在平凡的岗位上工作了一辈子。"

目前,除了小儿子谷豫东在漳州市中山公园服务中心担任一名普通员工,谷文昌的其他 4 个子女都已退休:大女儿谷哲慧、三女儿谷哲芬到退休时都只是副主任科员,大儿子谷豫闽退休时是厦门检验检疫局调研员,四女儿谷哲英退休时是漳州市工商局的一般职工。

就公务员家庭和家风的端正来看,县乡二级领导干部的表率作用是一股强大的力量。有他们的带头,才有最广大人民的参与和跟进,使全国千千万万个家庭树立起好家风。

除了县乡两级领导干部,还有一些行政职务不带"长"的基层公职人员,处在"更基层"的状态。他们照章办事,遇有疑难问题时,需要请示科长或更高一级的书记、处长或主任。就行政机构而言,包括机关内部的办事员和便民服务的窗口人员。这个群体,虽无决策权,但数量庞大,又从事具体工作,可以说"权力"也很大,他们的作风、家风好坏更直接地影响到整个基层家庭的家风走向。

(三)倡导好家风的迫切性

倡导树立好家风应从高级干部做起,那么为什么要倡导好家风?为什么首先要在党的领导干部身上做起?原因不仅因为我国的体制是党管干部,只有上层有好家风,才可能要求下级有好家风。从基层讲,只有干部自身廉洁、正派,才能要求最基层公务人员亦廉洁、正派,只有干部廉洁、正派,才会对最广大群众有示范作用,是实现好家风的最基本要求。

前面章节中多次提到的习近平同志在第一届全国文明家庭表彰大会上的讲话已经对中国式好家风建设指明了方向。

【引言】

职工，含职员和工人两大类，大致属于脑力劳动和体力劳动的区别，还有少数规模性工厂或公司的经理人。就中国式工厂或公司而言，由于我国曾有过短期的资本主义的存在（指清末至新中国成立之前）。为此，在工厂或公司内部人类的分层上，情况有些复杂。举例说，资本主义社会的经理人，是资方、老板、资本家。新中国成立后的工厂经理人，特别是改革开放后的工厂经理人，他们有"官员"属性，具体表现为：国企经理人可以平调或升降调动至官员岗位，他们具有公务员性质。

中国的职员阶层的情况亦比较复杂。虽说他们不做体力活或机械性的活，但因工厂或公司规模大小的不同，情况各不相同，为此，只能从经济地位、文化层次等方面认识他们是否属于工人或职员。

本小节所说的职工阶层，是指中低收入的职员和工人，不包括类同官员的职业经理人及少数高级管理人员，亦不包括旧中国时大型工厂的资方代理人、高级管理人员。

第 2 节：职工家庭家风

从十九世纪后期起，我国一步步从农业社会向工业化迈进，这得益于晚清时的洋务运动的初始和民间爱国人士的热情，他们怀着实业救国的理想和热情，有的留洋回来后，创办工业、交通运输业、新式医疗业，有的辞官回乡后办厂，有的在租界这一屈辱性的对照下开始从事现代交通运输业的开拓。一句话，在清政府消亡之后，开始民族的觉醒，从而开始近代中国由农业社会向现代经济的转身。由于新型工业、金融业、交通运输业的发展，职员阶层亦同步产生。中国的工人阶级由此开始，逐步形一种新生力量。

（一）职工阶层家庭的基本分析

要了解中国工人家庭及其家风状况，得先认识工人阶层在中国的历史入手。大体作如下的认识：

1. 工人（含中低收入的职员）具有生产的集中性，一般集中在城市或大城市，少数办在乡镇。这一群体性特征，使他们容易结合成一种社会力量。正如《资本论》中所述。

2. 他们的工作，具有机械性操作特征和惯性，每天重复一项工种、完成一定数量的产品，容易形成惯性。就劳动而言，有重工业、轻工业和现代服务业之分。

3. 一般来说，他们处在八小时工作制的不断循环之下，面对生产任务，付出自己的劳动，为社会作出应有的贡献。

4. 他们的收入处于中低收入的区域，正常情况下温饱有余，但谈不上富裕，根本不可能向上层家庭流动。

5. 中国工人的来源，大多来自小手工业、农民、小商人。小手工业者具有初步的技术基础，经适当的培训后，能够成为大工厂的基本生产者。如丝织业的工人，大多来自机坊户；机械性质工厂的早期工人，大多来自铁匠家庭，等等。

6. 早期的中国工人，普遍缺乏文化知识，这就决定了他们的思想比较纯朴、爽直、刻苦耐劳，有团结精神等等。

7. 他们聚集在一起，进行生产劳动，形成一个集体，结成友谊，有共同的利益诉求，具有团结互助的一致性特征。

8. 早期的中国工人的地位，无论从经济档次或社会地位，由于他们普遍缺乏文化，总是处在城市社会的底层。

以上这些特征，决定了工人家庭守本分、讲互助等品性。一般来说，无论是世代为业的职工，或新入行的工人，由于经济收入及年龄处于盛年，他们都是家庭的主角。这就决定了这类家庭的家风，以他们的思想行为为导向，他们是职工家庭家风的形成者、组织者、旗手、风向标。为此总体说，职工型家风，必然具有朴实、安分、勤劳、节俭、团结、合群、刻苦等特征。

当然这是指早期的职工阶层的家风，是在晚清或在旧中国时的职工家庭的家风。

民国时期的职工，经济收入有所提高，但受文化程度不高的限制，他们的总体地位仍然没有改变。抗日期间沦陷区的职工，多了一层受日伪统治者压迫的特征。

新中国成立后，工人阶级不再依靠资本家生活，在党的领导下，从受压迫的状态下解放出来，成为国家的主人，大致从1949年至1976年止的近三十年间，工人阶级作为领导阶级，政治地位空前提高。家庭中的家风，亦有了新的内容，即具有豪迈、雄健等特征，相当于军人型的家风。这是中国工人阶级社会地位的第二阶段。

在这个阶段中，工人社会地位的提高主要反映在三个方面。一是一些资产阶级出身的子女或知识分子家庭出身的子女，愿意与工人家庭的子女通婚。二是成为参与社会活动的主力军。

（二）一个木匠家庭的和谐家风

既然工人家庭有以上这些特征，那么从改革开放至习近平新时代，经济建设高速发展，人民生活水平大幅度提高后，工人家庭有哪些可点可数的家风类型呢？试作分析如下：

1. 向上流动型家庭及家风。人的天赋有差异，有的智商较高，有的艺术细胞丰富，有的特别有组织或领导能力。有的能坚守奉献精神而从事底层工作。在新中国未成立前，他们或者成为行业中的能人，或者因为贡献突出而被奉为行业的"祖师爷"。这样的能人和好人在新中国成立后，他们的事迹会被传播，且看以下事例：

郑安全是浙江余杭人，1957年出生，还是在学校读书时，他对木工手艺很有兴趣，就要求父亲支持他，他父亲为他找了当地最好的木匠，行了拜师礼，在边读书时边学习木匠手艺。兴趣是很好的老师，加上郑安全既有艺术细胞，又聪明肯学，很快具备了做"强木作"的手艺，十七岁那年（1974），当地一份姓金的人家要打一套家具，来请郑安全去，郑利用课余时间就完成。在此期间的一天，郑打造好了一只柜子后，退后几步，审视柜子的式样是否好看。这时金家的十六岁小姑娘金元晓，看到郑的那种认真，遂和郑聊了几句。也许是对郑做的家具很满意之故，金送了些点心之类给郑，自此两人有了初步的接触。郑完成制作家具后离开金家。可能是缘分吧，两人继续有往来。1975年，郑安全下乡插队，离开了塘栖，但两人往来不断。

一天，郑得知金因身体不大好，在学习太极剑，就做了一把木剑，请了几天假，送到金的手里，金很喜欢，从此两人的爱意升温。至1982年，因政策调整郑返回塘栖，并在杭州一家液压电器厂工作，很受领导和群众的欢迎。期间因郑常去金的工厂看望，领导上为了照顾他的情况，给郑安排了一份弹性的工作。

1985年郑和金结婚。婚房中全套家具都是郑亲手制作，不但金满意，来宾亦个个称赞。婚后生活非常和谐，可从下列几件事看出：

1. 结婚数年后，郑和金一起到杭州参加工作。一次，因为新房子装修，一位电工安装顶灯怎么也弄不好，准备放弃。当电工下梯子后，郑爬上梯子，稍一拨弄，灯就亮了，使金觉得丈夫是个能人，心里甜滋滋的，为感情加分。

2. 爱的木匣子。共同生活后，郑曾为金做过一只木匣子。在她生日这天送给她。由于做工特别好，金未带，郑问她为什么时，她说：那么好的东西，带出去怕丢掉。

3. 郑为妻子量身定做的挂件：一颗木的同心结。这是一种高级木匠才能做的活，做好后，金很开心，感觉丈夫真是个能人，有骄傲感。

4. 十年前结婚时挂上的一个"喜"字，郑将它取下后，做了个框架重新挂在门上，成了一件装饰品，亦是一个纪念。

5. 一支拐杖。小区有个老年人，行动不便，单靠一支拐杖仍然不安全，郑给老人特地设计了一支，可支撑兼坐下，很安全，老人欢迎，小区人称赞，金从心里感到幸福。

所有这一切，都让妻子金元晓感到既温暖又骄傲。她对女儿郑若行说："你爸爸没有做不好的活儿。""凡是他修不好的东西，别人只有扔掉。"话中包含对郑的肯定和骄傲——丈夫聪明、热心肠，肯帮助别人。体现出夫妻恩爱、家庭和顺、家风淳厚。在这样的家庭氛围中生活，他们俩都感到幸福，为此，在香港读博的女儿，八年后，回到塘栖镇家中安生。

这是一个普通的职工家庭，夫妻恩爱，白头到老，有浓浓爱意和良好家风，是职工家庭优秀家风的代表。所以说，向上流动，并不一定指收入高、地位高、学历高，家庭品位的提高也是家庭向上流动的一种。另有一种看不见的财富：一个聪明且和谐家庭的后代，很大程度会生育聪明的下一代。郑和金的家庭，虽说之前是工人家庭，但其女儿在香港读博士，可证其优秀，读博毕业后，家庭亦向上流动。回到家乡工作，说明后代热爱家乡。

（三）一个"跑马"的工人家庭

"跑马"是一个舶来名词，是跑马拉松的简称，体育运动的项目之一，二十世纪中叶逐渐在国内开展。改革开放后，由于人民生活水平的提高，文化生活的多种多样，"跑马"不仅是专业体育人士的事，亦受普通工人家庭的欢迎。

新中国成立后，工人的地位得到显著提高，主要体现在《中华人民共和国宪法》的规定上。

2018年的《现代家庭》杂志刊有一篇《120个连续马拉松，父女俩的足迹印满西藏》的文章，说的是天津工人唐广礼与女儿唐晶晶，共同完成跑120个马拉松到西藏的故事，突显出这个单亲家庭父爱女孝的和顺家风。

唐广礼是天津人，从小欢喜跑步，在一家餐饮企业上班。早年他的妻子不幸去世，他与女儿唐晶晶共同生活。后来女儿开了一家服装店，生意还算不错。而唐广礼酷爱跑步不息，曾多次参加各地的马拉松比赛，并获过许多奖。

59岁那年，唐广礼欲参加第120次马拉松比赛，也即从天津跑到西藏。他感觉除了自己身体能支持外，后勤保障需要一笔很大的费用。在筹措费用时，起初他的女儿唐晶晶为他拉到一家赞助商，但后来赞助商反悔了。为了支持唐广礼的马拉松比赛，女儿唐晶晶关了自己经营的店铺，开车为父亲作后勤保障。经过114天时间、跑了118个马拉松、跑完了5247公里的历程，终于完成了60岁生日时到达西藏的愿望。

这是一个亲情高于利益的家庭，亦是一种精神型的质朴家风，是工人家庭有坚忍不拔意志的反映。

（四）工人家庭的家风类型举要

以上两例是职工家庭优质家风的典型，而更多的普通职工家庭的家风，相应地亦是普通的。试举一般类型如下：

1. 麻将扑克型。这类家庭以求本分为主，上班赚工资养家糊口，适当改善生活，业余时间打打牌、上网玩玩游戏及假日出去旅游之类，也是一种生活方式。这是大多数职工家庭的普通家风类型，家庭的上升空间不大，也与这些家庭的背景和追求有关，至于是否努力，则是另一话题。

2. 广场活动型。方今社会，生活水平相应提高，医疗条件亦大有提升，职工除每两年有一次体检外，有些职工参加各类文艺活动，如器乐班、红歌组、越剧团、舞蹈队等活动，有的早上在公园演唱兼交友，室内活动相对文雅，有书法、绘画、器乐等；退休职工大多上老年大学。总之，生活丰富多彩，也是多数职工家庭的生活方式。

3. 恪尽职守型。这类职工家庭，勤劳、本分、耐得寂寞，不太计较报酬，在旧社会时忠诚于店主，新中国成立后，在党的教育下，勤勤恳恳工作，大多得过先进生产者或劳动模范的称号，有老黄牛之誉；在多种荣誉鼓励下，他们更加努力工作，将本职做好外，还会做些份外的事。年轻的，主动去无偿献血，年纪大一点的，参与做志愿者等公益活动以充实生活，是职工阶层最基本但具有积极因素的一种家风。

4. 思想通达型。这是指退休不久的老年职工家庭。他们看得开、想得周到，下一代的事能管则管，一般不管，以外出旅游为晚年的主要生活，属于旅游候鸟型家庭，精神面貌显得年轻。

5. 养老余热型。一般为退休不久的职工，业务熟悉，身体尚好，单位需要，再干几年，一则可以发挥余热，二则可以多点积蓄养老，何乐而不为呢？三则在工作中可多交些朋友以保持年轻的心态。

（五）转业型职工家庭与家风

无论是职员或工人，他们所处的领域是生产和物质流通。一般情况下和上层建筑关系不大，但并不隔绝。当处于经济或生产领域的工人或职员，具有上进心，且有良好的机遇，并且先天禀赋良好，就有可能因自己的努力而改变生活轨迹，有的向文化人方面流动，有的之后成为官员，尤其在二十世纪五十年代起至八十年代初期的三十年间，由于重视工农兵的地位，这种改变更为多见。

笔者有一位朋友，20世纪80年代接其父亲的班在造纸厂当工人，虽然他初中毕业，没什么文化，但勤奋好学，平时喜欢写一些小报道、小文章，在报纸上发表的次数多了便成了厂里的名人。后来，市电视台招聘新闻记者，他虽然考试成绩不理想，但凭借发表的作品剪报，被破格录取，开启了从工人到记者的人生转变。由于他工作认真，并刻苦钻研业务，既能扛机子又能写稿子，很快成为台里的中坚力量，并成功转干。他退休前任某市电视台新闻部主任、高级记者职称，已出版了四五本专著。

一般来说，从工人做起的记者、编辑，大多勤奋好学，求上进，就其所在的家庭来说，有好读书、好写作的传统，家风善良纯正、勤劳刻苦、有热心肠，是职工类好家风的典型。

【引言】

　　知识分子是一个大概念，学术界一般认为，知识分子是具有较高文化水平的，主要以创造、积累、传播、管理及应用科学文化知识为职业的脑力劳动者，分布在科学研究、教育、工程技术、文化艺术、医疗卫生等领域，是国内通称"中等收入阶层"的主体。知识分子作为一个政治性的概念和一个相对独立的社会阶层将长期存在，最终将随着生产力的高度发展以及工农之间、城乡之间、脑力劳动与体力劳动之间差别的消失而消失。

　　相比于各行各业来说，知识分子家庭的家风，最具有标杆性作用，因为他们会将自己认可的家风，用文字形式记录后进行传播，清代名臣张英的家训《聪训斋语》虽不如朱柏庐先生的《治家格言》普及，但含义深刻。是文化型家庭传播好家风的体现。

　　本小节所述的家风，主要以不同职业的方式叙述，又以严与宽、孝与友等风格方式补述。

第3节：文化型人家家风

　　什么是知识阶层？一般的认知是：大学本科毕业或相当于大学本科毕业的文化程度。这个阶层，包括理工、医农、文史哲及体育等专业人士。需要说明的是，这仅仅是粗线条的分类。从细处观察，体育界的部分运动员、理工类的少数工程师、地方剧种的个别演职员，没有进过大学或很少读过书，只作为个别情况看待，不作别论。

　　文化人家的成员，相对比较文明，即使有矛盾，大多放在心里，少数动在嘴里，直接用拳头说话的居少数。从家风角度讲，相对文明些。

（一）试析医务人员的家风

将医务人员列为文化人，只好说"靠一靠"，因为医学与理工的不同大于与文史哲的不同，为此归入文化人行列，更因为医学也是文化，何况医学文化，很接近文学和艺术。

医生的职业要求是"治病救人"，这一要求既崇高又像是套在孙悟空头上的紧箍咒，如果做医生不讲医德，就会受到整个社会的谴责，因为医生不是以逐利为目的的专业技术人员。所以这种因职业影响的家庭和家风，要求特高，自古以来，形成系统，特别体现在古代一些名中医的家庭家风。也就是说，即使少数医生的家庭成员有私性重的，但因为头上戴着道德的紧箍咒，他们的家风受着无形的约束。为此，这个阶层的家庭和家风，总的说相对较好。

职业影响家风这个命题始终起着作用。当危难出现之时，医务工作者这个群体意识终于苏醒并发挥了积极作用。2003年我国发生了建国以来第一次大瘟疫——非典，2020年发生了新冠肺炎疫情，这两种传染病，前一种死亡率高，后一次传播性强，考验着医务工作者的品质和能力。结果是全体医务工作者集体交出了满意的答卷。

以上发生的公共卫生事件，充分反映出在关键时刻广大医务工作者深藏于内心的救死扶伤的使命感和不畏艰险的牺牲精神，亦扭转了人们对医务人员的看法，医患关系有很大改善。

另一大要点是扭转了对中医药的偏见。清末民初西方医药进入我国，逐渐霸占了中国医疗市场，中医经历了二次被取缔的危险。在全国中医界的抗争下，才得以保持，但仍处于弱势。

（二）试析教师家庭的家风

与医务工作者有相同的要求，教师这一职业的家庭及家风，一般应具备行为的规范性、语言的文明性、内心的诚恳性和知识的渊博性等特性，另有"为人师表"这个职业的要求，而职业的需要，必然会影响到家庭的文明和家风的良好。为此总体说，一般教师家庭的家风，很少有不良倾向的。

现阶段中国的教师地位，大致分五个段落。

一、学前教育教师的家风。婴幼儿教育，年龄在三岁至六岁之间，一般不作文化课的学习，而以游戏方式寓教于乐，让婴儿在快乐中逐渐认识世界。往婴儿园集中的另一目标是：认识集体，适应集体生活，从家庭认知扩大到小朋友圈。对婴幼儿教育的师资，最为需要的是爱心和耐心，这是因为每个小朋友都不懂事，为了培养他们的品德，就必须给予爱心和耐心的教育，这是职业所决定的。正因为如此，教师家庭应该都有对子女耐心教育的好家风。

二、学校教育。分小学、中学、大学三个阶段。中学的初高中阶段具有"分途径"功能。一部分以技能教学为主，又一部分将进行继续教学的准备和筛选，继续学习基础知识。

这个阶段的时间较长，以增长知识为普遍要求，但重点还是应放在人格、品德上。只有将德育放在第一位，培养的人才才是社会和家庭需要的。基于德育第一的要求，作教师的必须以身作则，因此大多数教师家庭，不但必须具有好家风，而且容易出人才。有资料显示，高中毕业后考取北大清华的以教师家庭为最多，如2004年烟台高考状元王瑞鹏，父亲是教授，母亲是特教，间接证明教师家庭有正家风。

三、高等教学。培养和训练高级人才，使之在走向社会后，能够适应各项技术性工作。作为这一阶段的教师，具有高级知识分子的光环。以身作则自不必说,再从自身读书的量和向学生传授知识等方面考量,必然具有品德、修养、态度等方面的优势。另,就家庭环境来说,由于家长知识渊博且德行较高,孩子从小受到知识和文化的薰陶,好读书、有优雅气质等有先天因素。大多有好家风应该是顺理成章的事。

研究性学习。分硕士和博士两级。为更高一级人才的培养和形成。性质和大学教育的大体相同,教师的家风相对更好些。这里不作延伸。

因此,无论是哪一个阶段的教师,都必须具有高尚的品德和相应的知识,尽管教师也是人,不免有私心,但职业要求他们克服膨胀的私心和欲望。具备好家风为必要条件之一。这是职业决定了的。

(三)关于文学工作者的家风

每个行业或每项业务,都有内在的不同性质和特征。而文化人又是个很大的范围,既包括新闻工作者、作家、翻译家和诗人、各剧种编剧和导演等,也应该包括律师、会计师等职业人。由于职业和业务的不同,文化人的家庭的家风,亦有相对的不同。但有一个共同点:受教育的时间比较长,大多有大学本科及以上的学历,读书多,见识广。本小节主要说的是狭义的文化人家庭:操弄笔杆子的家庭。以下我们以粗线条的方式,作比较叙述:

一、与职工家庭相比较,这个阶层的人家,相对有知识,文化程度高,社会接触面大,眼界比较开阔,家风比较细腻、温和、沉稳、谨慎,行事相对郑重。试以台湾地区作家林清玄为例,他虽出生农村,家庭贫困,但自幼立志当作家,以作品感化人。经过努力,终于成为当代著名的散文大家。而多数工人出身的业余作家，虽有写作能力，但经历没有他曲折，在人生感悟方面，略有逊色。这也可说是职业局限。

二、与现在干部家庭相比较，文化程度大体相当；对社会事件的看法，文化人相对有话语权。而干部家庭的家人虽有公权力，但受下级服从上级的约束。这个阶层的家庭比较谨慎，从家风来说，文化人家庭相对和谐、宽松。

三、与商人（企业家）家庭作比较。对钱的态度比商人看得轻，少数文化人有清高思想，多数文化人家庭比较重视家庭教学；出人才的家庭较多；小部分文化人有想做隐士的。但商人家庭以积累财富为主要目标。家风容易世俗化，富不过三代就是对商人家庭的忠告。

四、与军人或革命家家庭相比较。文化人家庭，比较缺乏阳刚之气，但儒雅之气质则过之。而军人或革命家家庭，重于血性，为国家的安全或人类的幸福，可以奋不顾身、不惜牺牲自己的生命。总的说，是血性和儒雅的不同。

五、文学工作者内部比较。从大类分，文学的教化功能有两类。一类是革命现实主义和革命浪漫主义相结合，又一类为批判现实主义。前者注重正面引导，从正面进行教化；后者以揭露腐败现象等为使命，从反面解剖社会的一些丑恶现象，从而起到教育作用。前者如迄今还能够存在的样板戏，或改革开放初期的《乔厂长上任记》；后者如作家莫言的小说《红高粱》《蛙》等作品所反映的内容。应该说两者是殊途同归。但是两者的比例应有所侧重。一般应以正面引导为主，这是我国的政治制度决定的。

新闻工作者、作家、编辑、编剧和导演及电影演员，都应归入文化工作者之列。其中的作家以创作的作品感染人、教育人，和教师一样，有"人类灵魂工程师"的美誉。可惜的是，真正能感动人类灵魂的作品很少。

（四）书画人家的家风

书画人家分专业和业余两类。专业类书画家文化素养较高，大多有高学历，其中一部分书画家性格严谨，崇尚端庄家风，属传统型书画人家。乃至有清高思想，不太愿意接交政府官员和商人。如中国花鸟画大师吴茀之，有朋友带来一把政府官员的扇子，请他题画，他虽未拒绝，但始终插在笔筒里没有动手。

另一部分书画家，个性自由，个人风格比较浪漫，属于艺术型性格。既有年轻的也有年长者。他们的家风比较自由奔放，有的男画家蓄女人样长发，有的搞行为艺术，行为异于常人。不过总体说，书画家的家庭和家风，以好的居多。

业余书画家基数较大，大多为普通家庭，但爱好绘画或书艺，从学书画入手，主要为精神寄托，少数也有为了教育子孙作准备的。其家庭多了一层斯文气息，其家风与文化工作者基本相近。如杭州某厂女职工寿月娥，退休后生活单调，上老年大学学画，日积月累，画艺渐精，朋友劝她出画册。她自己觉得总结一下学习心得也是好事，就在浙江人民美术出版社自费出了画册，还邀笔者作序。她的家风和谐且孝顺，如女儿在国外工作，回国探亲时，见到父母仍住三十年前的小房子，就给买了一套新房，美其名曰免得回来住宾馆。

书画家的家风主要反映在人品教育及其艺术细胞的传承上。一般来说，称为书画家者，可从两条杠子划线。一条是：是否科班出身，所从业的是否书艺画作，另一条是书艺画方面的水平或成就，前者经过专业训练，艺术水平应当有保证。后者大多为业余爱好，虽有画艺，但创新性较缺乏，称其为书画家有荣誉性质。如果达到国家或省级美术家协会、书法家协会会员资格，一般也可认其为书画家。

书画家爱书画是必然，从父艺子承出发，大多数书画人家总是希望子女亦从事书画艺术，正如人数极少的电影导演，其后人很有可能从事导演工作，所谓家学渊源是也。

中国的书画家大多数有较高的文化素养，他们的家教多数是温和的、引导式的，严格要求的居少数。换句话说，家风大多数崇尚温和、随缘、宽松，家庭气氛良好，子女成员和顺，除了爱情方面比较"固执"外，生活比较理想。

（五）文化型家庭和家风综说

文化型人家由于它的多种多样，包罗万象，有做律师、会计师的，有搞新农业研究的，更有绝大多数搞理工类的科学技术工作者及少数科学家。职业、个性和家教对他们的家庭及其思想会有很大的影响。试举较有代表性的略说：

1. 最广大的群体为科学技术工作者。中国有句古话"两耳不闻窗外事，一心只读圣贤书"。这话曾对旧时代文化人有警策作用。在今天，如果用于科研项目或科研人员，也许是合适的。因为他们一心扑在工作上做研究、认真做好自己的一份工作，很少分心于社会事态的变化。正如中国女排教练郎平所说，我只属于排球，不属于官场。言外之意是：与意识形态无关，不关心政治。延伸到科研工作者来说，此话亦适用。也即不作官场应酬、商场站台，对权欲和钱财不动心，一心只搞科研，为全人类、为国家的利益而工作。

为此可以这样认识科研工作者的家庭和家风，必然是相对严谨的、宽容的、服从型的和奉献型的。他们埋头工作，考虑的是创新、为社会作贡献。如杂交水稻之父袁隆平，六十年如一日，一心扑在水稻上,是为了让十几亿同胞吃饱饭吃得好。

2. 文化型人家,大致可分为"转入型""转出型"和传承型三大类。转出型的大多起源于子孙从事商业或其他行业,以挣钱多少或以掌握权力为主要形式。俗语说"吃一行怨一行",从祖辈起一直从事某一行业,有审美疲劳感,为此有转行的想法,但毕竟隔行如隔山,大多数转行的行为,都会遇到挫折和失败,少数转行成功的,也是依靠聪明才智和坚韧不拔之毅力。

【引言】

　　帝王之家通常是指封建社会的最高领导人之家，延伸到近现代，虽然也有不少国家实行君主立宪制，但君主已经不掌握实权，故本节所述之帝王之家以中国古代为主。

　　就古代中国漫长的历史来说，帝王之家多是世袭的，其主要特征是权力的高度集中，"溥天之下，莫非王土；率土之滨，莫非王臣。"皇帝自命为"真龙天子"，是上天派来统治世界的化身，以此来获得人民的崇拜和忠诚。由于权力过于集中，国家大事的决断全凭皇帝本人的德行和能力，这就造成了很多决策的失误和流血事件的发生，尤其是在政权更迭过程中，上演了很多腥风血雨的宫廷大戏，甚至直接导致了国运的衰落，这是封建制度的悲哀和私欲膨胀的残酷。

　　除了少数几位贤德君主，中国古代帝王之家的家风多是一笔糊涂账和淫乱史，且跟政治斗争紧密相连，虽然对普通百姓不具有参考性，但在一定程度上也影响着臣民之家的家风，正所谓"上行下效""前有车，后有辙"，实不谬也。

第4节：帝王之家的家风

　　古代中国的帝王之家大多数是打天下打出来的，叫做"打江山""坐江山"，打下江山，让一批文化人制造舆论，称为"受命于天"，自称真龙天子，其权利之大，无法比拟。皇帝退位或驾崩后，要传位给儿子，是为家天下。

　　社会主义国家领导人则截然不同，不仅取消了血缘继承和个人享乐的特权，而且行事以身作则，以"为人民服务"为己任。就家风来说，须做模范、做表率，权力虽大，责任也重大。

（一）李唐王朝的家风

唐代是一个政治、经济、文化相对繁荣的朝代，其国力强盛，疆域空前辽阔，对外交往活跃，是当时世界上最强盛的国家之一。但就其历任皇帝的家风来说，应该是比较糟糕的，我国民间素有"脏唐乱宋"之说，在一定程度上说明了李唐皇室私生活之混乱。

1.玄武门之变。

"玄武门之变"是唐高祖武德九年（626）六月初四，由唐高祖李渊次子秦王李世民在长安（今陕西省西安）玄武门附近发动的一次政变。起因是太子李建成自知战功与威信皆不及世民，心有忌惮，就和弟弟齐王李元吉联合，一起排挤和陷害李世民。以李世民为首的功臣集团，为求自保，在玄武门发动兵变，李世民亲手射死了他的亲兄弟李建成，事后李渊立李世民为太子，两个月后禅让皇位，李世民登基，是为唐太宗，年号贞观，开启了23年的"贞观之治"。

然而就是这样一位雄才大略的皇帝，在私生活上也多有不合人伦之处，比如纳亲兄弟李建成、李元吉的妃子为自己之妃，纳旧臣之妻为己妻，甚至听信道士之言，服食丹药、春药，最终导致了他的英年早逝，也为后来武则天夺取政权埋下伏笔。

2. 高宗李治与武则天的不伦之恋。

武则天原是唐太宗的才人（侍妾），虽然地位不高，但从本质上说，仍然是太宗的嫔妃，比高宗李治高了一个辈份，为李治之庶母。然而李治为太子时二人即暗生情愫。太宗驾崩后，武则天为避嫌入感业寺为尼。李治即位后，将其召回宫中，封昭仪。永徽六年（655），在"废王立武"事件后成为皇后。上元元年（674），加号"天后"，与高宗并称为"二圣"，参预朝政。高宗去世后，她以皇太后身份，于唐中宗、唐睿宗朝临朝称制。天授元年（690），武则天自称"圣神皇帝",改国号为周,建立武周,定都洛阳。至此,这个心狠手辣的阴谋家终于走上了人生巅峰,为巩固政权,她任用酷吏、贬逐老臣、滥杀无辜,甚至不惜对自己的的亲生儿女下手,晚年更是豪奢专断,蓄养男宠,引起了朝中大臣的不满。神龙元年(705),宰相张柬之等发动"神龙革命",拥立中宗复辟,迫使病重的武则天退位,并为其上尊号"则天大圣皇帝"。同年十一月,武则天于上阳宫崩逝,享年八十二岁。中宗遵其遗命,改称"则天大圣皇后",以皇后身份入葬乾陵。

武则天的一生可谓跌宕起伏、毁誉参半,她和李治的"爱情"究竟是真情还是政治谋略,已经很难说清了。作为皇帝,武则天杀伐果断,励精图治,重用人才,恢复经济,巩固边防,使太宗的"贞观之治"得以延续和发展,并为唐玄宗的"开元盛世"奠定了基础;作为妻子和母亲,武则天泯灭人伦,骄奢淫逸,是一个名声坏到极点的女人,给李唐王朝的家风带来了极为不利的影响。

(二)周太祖郭威的清正家风

与李唐王朝形成鲜明对比的是周太祖郭威的清正家风,也是我国历史上帝王之家中少有的一股清流,堪称万世之表。

郭威(904—954),字文仲,邢州尧山县(今河北省隆尧县)人,五代时期后周开国君主。郭威出身将门世家,身材魁梧,勇力过人,加入后唐庄宗李存勖亲军。后协助后汉高祖刘知远称帝,凭借佐命之功,累迁检校司徒、枢密使、天雄军节度使,平定河中,镇守邺城。不久,刘知远病逝,郭威和苏逢吉同受顾命,拥立刘承祐继位,是为后汉隐帝。因郭威掌管全国的兵权,受到隐帝刘承祐猜忌,乾祐三年(950),刘承祐与亲信李业密谋,诏令马军指挥使郭崇诛杀郭威；诏令镇宁军节度李弘义诛杀侍卫步军指挥使王殷，企图一举铲除前朝势力。不料李弘义反以诏书密示于王殷，王殷即派人向郭威告急。郭威见事情紧急，即采用谋士魏仁浦之计，伪作诏书，宣称刘承祐令郭威诛杀诸将，致使群情激愤，推举郭威起兵讨伐，以"清君侧"。

刘承祐见郭威起兵造反，便派兵抵御，并将郭威在京的家属全部杀死，其中就包括郭威还尚在襁褓中的儿子。群情激愤之下，后汉军在七里坡之战中大败，隐帝刘承祐在出逃途中为郭允明所杀。郭威带兵入京，觐见李太后，让太后临朝听政，并拥立刘氏宗室、武宁节度使刘赟为帝。随后，突报契丹南下，郭威率军北上抵御，途经澶州时，一众参与造反的将士害怕遭到新帝报复，发动兵变，一致拥戴郭威称帝。

广顺元年（951）正月，郭威正式称帝，国号大周，定都汴京，史称后周。郭威立国后，努力革除唐末以来的积弊，重用有才德的文臣，改变后梁以来军人政权的丑恶形象。他崇尚节俭，仁爱百姓，曾对宰相王峻说："我是个穷苦人，得幸为帝，岂敢厚自俸养以病百姓乎！"他不但重视减轻人民的赋税负担，自己带头俭省，下诏禁止各地进奉美食珍宝，并让人把宫中珍玩宝器及豪华用具当众打碎，说："凡为帝王，安用此！"

郭威去曲阜拜谒孔庙、孔子墓，并下令修缮孔庙，禁止在孔林打柴毁林，造访孔子后裔，提拔其为官，表示要尊崇圣人，以儒教治天下，为周王朝治国奠定了思想基础。

郭威的治国方略主要包括：提倡节约俭朴；整顿吏治纲纪；减轻压迫和剥削；招抚流民，组织生产；治理河患，灌溉良田；加强军备，充实边防。郭威的精心治理，使后周在很短的时间内就显露出国富民强的迹象，为世宗柴荣继续他的事业打下了坚实的基础。

郭威一生节俭，病重后即立下遗嘱，要求丧事一切从简，不用工匠，不扰百姓，陵墓前不立石人石兽，只要纸衣瓦棺装殓、下葬即可。郭威死后，将皇位传给了没有血缘关系的妻侄柴荣，这一点在中国历史上是唯一的，既说明了郭威与众不同的胸襟，也体现了他对妻子的挚爱。

郭威深爱其妻柴守玉，他称帝时，其妻已被刘承祐所杀，为表思念之情，郭威未再另立新后，追册柴氏为皇后，谥号圣穆。此后郭威虽有嫔妃，却再也没有册立过皇后，并且立柴氏之侄为嗣君，可见他与柴氏感情之深厚。

综观郭威的一生，生于乱世，双亲早亡，饱受饥寒之苦，成年后入于行伍，九死一生，最终依靠自己的能力和智慧，登上帝位，之后不忘本怀，励精图治，极尽节俭，完全摈弃了帝王之家奢靡之风，而在个人感情上，也能坚守初心，远离荒淫，对于一位处在权力巅峰的帝王来说，这实在是一种极其难得的品质！这样的人所传承的家风，一定是清正、优良的，尽管郭威后人的事迹史载不详，但从柴荣即位后的所作所为，也完全可以印证这一点。

（三）奉行文官统军的赵家王朝家风

这里所说的赵家王朝是指宋朝，泛指北宋和南宋。自赵匡胤黄袍加身做了皇帝后，由于他是武将出身，且拥有实力强大的军队，经过几轮战争，很快统一了中原地区，建立了宋朝。

宋朝的版图较小，以金国为代表的北方游牧民族，对中原时有侵犯。1127年，开封城被金兵攻破，徽钦二帝被掳，北宋灭亡。国不可一日无君，经大臣拥立，由领兵在外的康王赵构即皇帝位，世称高宗。开始实行长达一百五十五年的南宋历史。

不论是北宋或南宋，都是赵家的天下。与前朝相比，宋朝在政治上确立了封建官僚制度，彻底废除了门阀权贵政治，具有进步性。在军事方面，将调兵权与统兵权分离，以文官监管武将，避免了武将统兵权力过分集中之弊。在经济上宋朝采取不抑田制，发展租赁关系，地主经济得到很大发展，对推动生产力的发展有良好作用。在思想文化方面，崇儒反佛，出现了以程朱理学为主的新儒学，延至明清而不衰。总之宋朝是一个政治宽松、手工业和商业开始萌芽、发展的时代。

再就赵宋家风来说，宋朝少有为皇位而相互残杀的事件，其政权更迭相对温和。说明两宋时期帝王之家的家风是良好的，因此后人认为宋朝是最宜居的朝代。

再如宋高宗年事高时，因无子嗣，主动让位给侄儿做皇帝，世称宋孝宗，一方面因高宗觉得自己年事已高，力不胜任，另方面也证明他没有权欲，为王朝的盛衰考虑得多。

（四）明朱王朝的家风

朱元璋是明朝的开国皇帝，为了巩固政权，他制订了藩王制度：

1. 将自己的20多个儿子封为亲王，分派到边疆或内地，以法律形式规定享受高额俸禄，由当地官府供养。高到什么程度呢？到明朝中后期，有的藩王家的开支竟占地方财政三分之一。

2. 藩王不受地方官府的管辖，但受皇帝及祖宗之法的约束。为防止藩王造反，还规定藩王不得随便离开封地，亦不能串连，为的是防止藩王权力过大，相互勾连，对皇帝造成威胁。

朱元璋认为由他的子孙掌握全国的军事大权，就不怕有人造反；离开京城，分封各地，又不必担心皇帝的位置受藩王的威胁，如此大明江山便可千秋万代延续下去。

不过，令朱元璋想不到的是，经过几代繁衍，藩王家的人口数量巨增，多的达到几万人，给地方财政带来沉重负担。而且在朱元璋去世后，局面迅速失控，燕王朱棣因不满其侄建文帝削藩的举措，起兵造反，经过约四年的苦战，燕王军队攻进南京，建文帝在绝望中自焚，朱棣称帝，史称明成祖，年号永乐。

从朱元璋开始，明朝即实行严酷的政治，广造杀业，枉死者无数，到燕王造反，更是血流成河，每攻一地，便屠其城，赤其地，残无人道地屠杀百姓，即所谓"燕王愤甚，燕京以南，所过为墟，屠戮无遗"（《南宫县志》）。由于河北一代的百姓心向建文帝，对朱棣的造反行为多有反抗，盛怒之下的朱棣，将河北一带民众屠戮殆尽，所过之处"青燐白骨，怵惊心目""长淮以北则鞠为草莽"，当时景状之惨，可想而知。

朱元璋和朱棣都是雄才大略之人，对治国安邦都有自己的韬略和建树，然而他们滥杀无辜，毫无悲天悯人之念，尤其朱棣，更是有过之而无不及，对于很多像方孝孺那样忠于前朝的旧臣，不但凌迟处死，还诛其九族；因爱妃被害，迁怒于无辜之人，将吕妃宫中所有宫女全部凌迟处死，据说有上千人……

一个当过和尚的开国皇帝，却将嗜杀之风传至后代，这是上天对朱明王朝的莫大讽刺。或许朱元璋已认识到了自己的问题，晚年立生性敦厚的孙子朱允炆为接班人，然后"种瓜得瓜，种豆得豆"，一切为时已晚，废子立孙的决定，不但没有改变朱家的家风，还给朱允炆带来了杀身之祸。自朱棣篡权后的十三代明朝帝王，一代不如一代，且宫斗频繁，加上东厂、西厂的参与，其国风、家风可称诡异。至明亡，朱氏子孙被清王朝屠杀殆尽，最终应了那句"苍天饶过谁"的谶语。

（五）孙中山、宋庆龄显贵不忘节俭的家风

孙中山先生是中国旧民主革命的先行者，在旧民主革命初步成功后，曾担任中华民国临时大总统、总统。由于对推翻清王朝作出巨大贡献，因此在民国时期被称为"国父"。他的夫人宋庆龄早年追随孙中山投身民主革命，后来信仰马克思主义，为新中国成立作出过多方面的贡献，因此，曾担任中华人民共和国副主席及其他方面的要职。

孙中山先生早年学医，就有继承父母救危扶困的仁爱家风。1915年孙中山与宋庆龄结婚，组成新的家庭，表现出显贵不忘节俭、平等对待下属的平易慈爱家风，也可以说是旧式"帝王之家"家风的终结。孙中山先生的模范家风展览，全国多地曾举办过多次，但宋庆龄的好家风事绩却较少宣传。

以下试举几件小事：

1. 在广州大元帅府时，宋庆龄和孙中山吃着简单的饭菜，住着简陋的房子，甚至没有钱安装防蚊蝇的纱窗。他们的勤务员曾这样评价宋庆龄："孙夫人对勤务员很和气，从不苛求。她平时早餐也很简单，有时只吃点腐乳、白粥。她和孙先生的简朴生活，我们做勤务员的都很感动。"

2. 新中国成立后，宋庆龄贵为国家副主席，但她对待身边的工作人员却平易近人。宋庆龄有个保姆名叫李燕妮，是穷苦人家出身，宋庆龄待她如亲人，得知她有了对象准备结婚时，亲自为她把关，在谈话中发现一些问题，后经保卫部门调查，燕妮的对象是国民党特务，欲通过燕妮接近宋庆龄。燕妮知道后吓出一身冷汗，发誓今后做好本职工作，终身不嫁，一心守护主人。但宋庆龄好言安慰，并没有丝毫责怪她。

3. 每当出现在公众场合，特别是重大的外事活动场合，宋庆

龄的举止和服饰总是令人无可挑剔。许多来访的外国友人对宋庆龄雍容大方的风度赞不绝口，称誉她是中国妇女真诚、美好的代表和象征。然而在日常生活中，宋庆龄的穿着却极为朴素。据宋庆龄上海寓所的管理员周和康介绍，宋庆龄经常穿着一件用零布头拼接而成的棉马甲，现在这件酷似"八卦衣"的棉马甲保存于北京宋庆龄纪念馆。

从上述小事可以看出，孙中山和宋庆龄的家庭虽说很显贵，但反映的却革命家艰苦朴素的平易家风。

（六）帝王之家家风综说

我国封建帝王之家和近现代革命领袖之家的家风有着本质的区别，本小节之所以将孙中山和宋庆龄先生的家庭列入，是为了对比二者之间的差异：

一、封建帝王之家掌握着无限的权力，虽说有治理方面的义务和责任，但也享受各种特权。因此，民间称呼朝代，常用李唐王朝、赵宋王朝、朱明王朝等，说明是家天下。

二、封建社会的皇权制度，是历史的产物，是私欲膨胀的极端体现，无进步性可言。由于权力和享受的绝对性，多数王朝，常有争权夺利的悲剧发生。

三、进入近现代后，由于封建社会制度已经崩塌，革命领袖之家接受了新的思潮，缔造了新的纲领和制度，成了人民的公仆，提出的口号是"天下为公"，而不再是"朕即天下"，进步性极其明显，为后来新中国的成立奠定了坚实的基础。

【引言】

"富不过三代"一般多指暴发户、发了大财的商人家庭,当然也指向其他企业或行业的致富家庭。这些家庭有一个共同点,就是在事业成功后,丢掉了创业时期勤俭节约、吃苦耐劳的奋斗精神,而转向炫富挥霍、贪图享受,乃至一掷千金式的豪赌。一句话,由于忽略了对子女的教育和良好家风的建设,直接导致下一代继承者丧失进取心,将心思花费在享乐和挥霍上,最后败光家产,亲身验证了"富不过三代"的魔咒。

富了以后,是否将财富留给子孙?历来有两种截然不同的思想,大多数家长选择将财产留给子孙,因为人性有自私的一面,子女是自己血脉的继承,留给子女就是留给自己。也有的家长或一部分文化人并不主张将财产留给子孙,认为应该让子女自己去奋斗,如林则徐曾撰有一联:贤而多财则损其志,愚而多财益增其过。就是对财产留给子女的"警钟",当然这是少数。

第5节:富不过三代家风

"富不过三代"是一句社会流行语,具有现实性、警策性、教育性。反映的是人性中有放纵欲望的一面,而导致败坏祖上遗泽的结果。再就警策性来说,是要已经致富的人家不要陷入"富不过三代"的魔咒,是有提醒、警告含义。可惜的是,一般的暴富人家,不太会去看这类语句,更不会去想一想其中的道理,而是在富了以后,仍然一头扎进钱眼里。大多情况是:第一代创造财富,第二代勉强守成财富,第三代败落财富。至于败落财富的方式,可能是:挥霍浪费,可能是陷入赌博的怪圈,可能是只会消费而无能力创造。总之一言,没有了祖上的勤俭创业的进取精神,而是不学无术、只会花钱的花花公子。

这里所说的"富",是指有钱,有恒产,即指财产的富有、物质的富有,而不是文化的富有或精神的富有。假如说是文化的富有,那么这个富有者会告诉子女"生活要靠自己创造",并勉励子孙要靠自己的智慧和双手,开创自己的新生活。假如是个精神的富有者,可能在生前将钱财捐献给慈善事业,而不是留给子孙或不是全部留给子孙。

总体说,"富不过三代"呈抛物线状态。大体是:第一代创业致富,第二代守成尚富,第三代败家失富乃至致贫。当然这是指一般家庭会循此规律;少数有智慧者,未将家产全部留给子孙,让他们多一门技能或学有专长,即使失去较多财富,但在其他领域却有建树,算不上"富不过三代"。

(一)大多产生在商人家庭

为什么说"富不过三代"会是一句中国俗语、流行语呢?这可从两方面找原因:

一是历史经验。"富不过三代"一语,出自《孟子》:"君子之泽,五世而斩。"这话本和"富不过三代"是平行关系,后人加以引伸,由此演变而成为下述句子:"道德传家,十代以上。耕读传家次之,诗书传家又次之,富贵传家,不过三代。"这样就成了"富不过三代"的原始。

二是现实性。一般来说,现代人所指的财富,主要指经商、办企业后赚了大钱。以商人、企业家居多。前者数量较多,后者人数虽少,但财富数额往往较大,乃至达到一生一世花不完的地步。如红顶商人胡雪岩,从一个"跑街"做起,由于头脑灵活、手脚勤快,加上机遇良好,终于逐渐做大,他开的钱庄遍设全国各地，胡庆余堂药店全国著名，成为一方富豪。不过，由于利令智昏，成为豪富后，不但花大钱捐了大官，还买下豪宅、娶了多房姨太太，过着花天酒地的糜烂生活，很快败了家当、破了产。成了个"富不过一代"的典型分子。

上面说了，所谓富，主要指财产的拥有。假如这类富翁在致富的基础上，读书求上进，或在技艺上有独门绝活，那是花不完、抢不走的财富，很可能不会"富不过三代"。也就是即使家庭的财富略呈下行之势，但有文化或技艺的补充，就不太可能富不过三代。

（二）非典型性"富不过三代"家风

既然"富不过三代"是一句流行语，在社会上流传何止千年，具有警策性，就像"吸烟有害健康"一语流传不会少于百年，但人们照吸不误，为什么呢？烟瘾是现实的，"吸烟有害健康"是看不见摸不着且比较遥远的事——人们往往注重眼前实惠，不可能像医生那样清醒。

比较典型的"富不过三代"是第一代艰苦创业且获得成功，知道创业不易，故而既能保持勤劳，又有节俭的习惯，但没有教育好孩子，至第二代逐渐失去进取精神，且没了节俭习惯。开始走向衰落，有的陷入吃喝嫖赌，终至由富变穷。但也有一些"一夜暴富"式的，由于财富得来容易，从第一代后期起，就开始衰落的，且将这些称为非典型"富不过三代"。

一次，我乘火车至南京办事，听邻座男子老李讲他邻居的故事，大意如下：

老李的邻居是一位六十多岁的放羊老头，二十年前是做煤炭生意的。从开始用拖拉机帮人家拉煤做起，到最后拥有好几个矿山。那时候老李还在读小学，依稀记得，邻居抽着雪茄，披着貂皮大衣,梳着发光的"大背头",还有用鼻孔看人的表情。当时的他,看不起任何人,但是却又有很多人巴结他,因为他出手阔绰。

邻居的儿子和老李是同学,因为他爸爸的关系,他拥有最好的文具,还有各种各样新潮玩具,和电视剧中的那些"渣富二代"一样,只要他想要的东西都用钱买,并且认为读书没出息,家里有的是钱,不读书也无所谓,所以初中没上几天就辍学了,天天开着他爸爸的豪车去各处玩。

过了十多年,邻居家的煤矿被禁止开采了。但是他们一家人依旧过着富豪生活。因为日子过得太舒服,就学人家去赌。结果,赌了输,输了赌,之后两年,豪车卖了,又因欠了好几家银行的贷款,他儿子就逃去外地,银行把他家新买的房子都查封了。为了生活,邻居家恢复旧生计——养猪放羊。因为之前看不起人,现在落魄了根本就没人理。

从这个故事中,我们不难看出,老李邻居家不但富不过三代,因为没有好的家风传承、忽视子女教育,一代、二代就败了。在不读书明理、不求上进的情况下,父子两代炫富,骄奢加上赌博,金山银山亦会被掏空,儿子逃债,老子照旧放羊为生,并不奇怪。朴是另类的富不过三代。

(三)摆脱魔咒,摆正家风

尽管富不过三代是普遍现象,但现实生活中也有不少富过三代的例子。能否富过三代不只是家庭、家族及企业的繁荣问题,实质上与国家、民族、社会密切相关。因为你的财富,也就是社会的财富,是国家经济的基础。社会不希望出现"富不过三代"。那么怎样才能打破"富不过三代"的魔咒,并使家庭和家族继续繁荣呢?试提几点建议:

一、以正确的导向教育下一代，并传承家庭创业时期的家风。继续保持勤奋精神和节俭的习惯，有余钱花在做好事上。用行动教育子女要保持优良习惯。

代际传递，往往容易变异，这是因为一对夫妻的结合意味着既有传承也有变异。这种变异可能来自男方，也可能源于女方。当变异逐渐发展时，就会改变生活习惯，有了钱后大手大脚并不可取。

二、让下一代学习并掌握一项或多项专门技艺。技艺是一种无形的财富，花不完，抢不走，既具有经济价值，又能在社会实际中派上用场。当需要使用技艺时，一般都有回馈，常情下是金钱。但它与金钱不同，金钱用一钱少一钱，技艺却越用越熟练，也即价值越来越高。当某一个人家出现"富不过三代"的可能时，之后可能是贫穷，也可能虽不贫穷但有些拮据。这时如果有技艺在身，就不会陷入这两种情况，而是仍然可以凭本事吃饭，过普通百姓的日子。

三、知识改变命运，在坚守上一辈创造的事业的基础上，多读书，备后路，以免经营不理想时，可以转业谋出路。人是会变的，隔代的人，变化更大。当祖上创业成功且致富后，可能已进入高峰期。任何事业都有高峰，高峰过后，可能是平坦，也可能是下坡。提早认识人生或事业都有发展曲线，作未雨绸缪的准备，是一种智慧。

四、交朋友宜谨慎，做生意必然会有业务往来，亦少不了应酬。这时候所结识的朋友，各种各样都有。有的是酒肉朋友，有的是利益朋友，也有的属讲究信用和义气的朋友，还会有智性的朋友。有的朋友性格直爽，有的朋友们利益为主。交友注意诚信和智性，是必要的选择。诚信朋友会告诉你真心话，如不要大手大脚，不要涉足游戏和赌博等。智性朋友会向你建议多学习文化知识和技艺，以防后患。

五、积累财富不如有个优秀后代。财富是优秀能干的人才创造的,也只有优秀能干的后代才能更好地继承、保住和增值财富。守业比创业更难,因为创业者大多从青少年时期就经过磨砺,从而锤炼了他们坚强的意志和杰出的才能,使他们能够成就大业。而其后一代面对的是已经富裕起来的家庭,没有经历过创业的艰难,很难懂得财富来之不易,如果没有良好的教育,很容易败掉家业。因此,没有人才辈出的家庭难以富过三代,没有人才辈出的企业难以长盛不衰,没有人才辈出的国家难以兴旺发达。

希望已经创业成功且积累财富的家庭,能够有个好家风、传承良好家风,其内容有勤劳正直、遵纪守法、艰苦奋斗、谦虚谨慎、好学奉献、心系社会等。尤其是良好的家庭风气对家族兴旺具有决定性的作用,因为家庭是人生的第一课堂。走出"富不过三代"的魔咒,是人生智慧。

第七章　家风与信仰

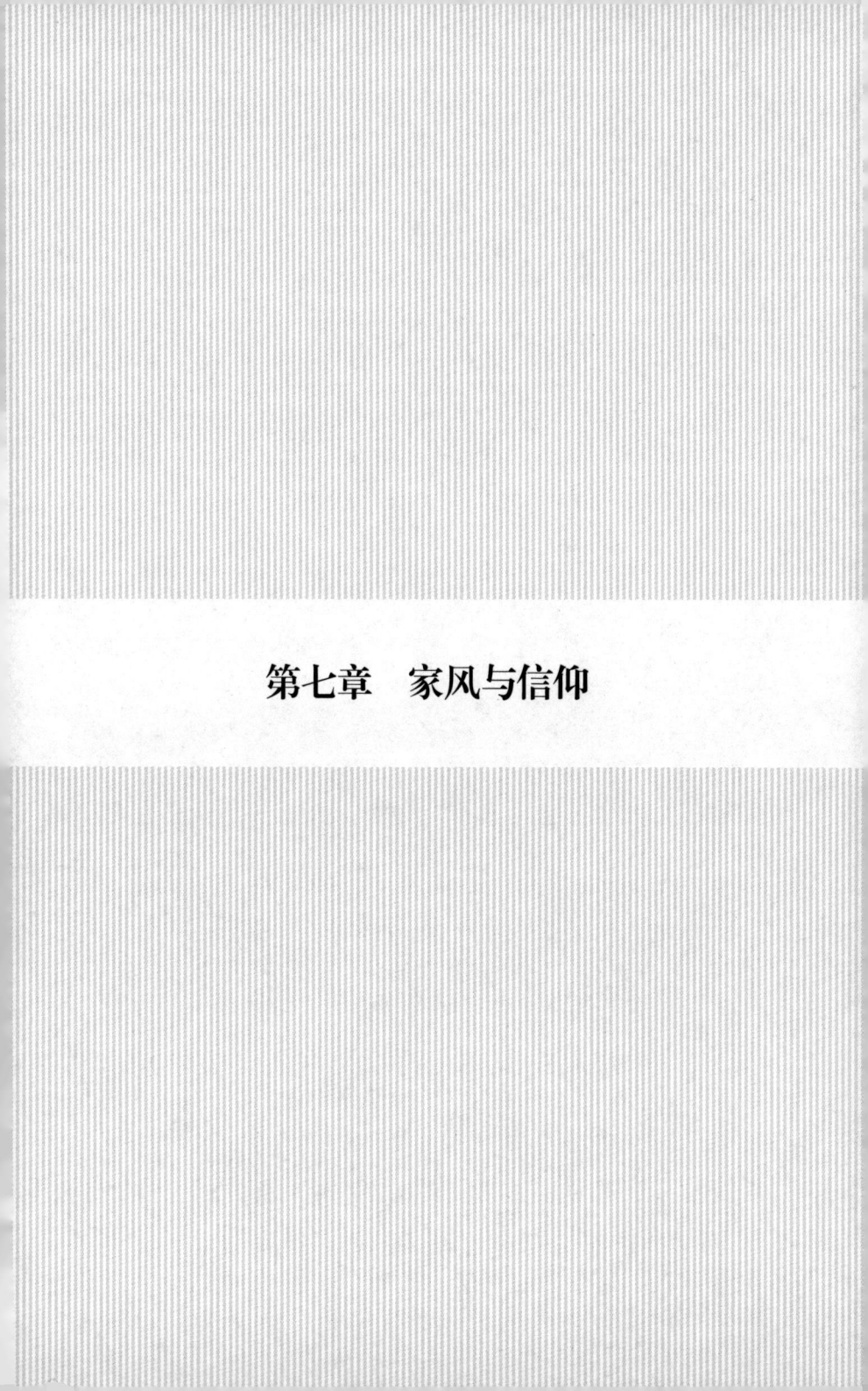

【引言】

革命，意味着激烈、重大且呈根本性质的变化。《辞海》对"革命"的解释为："人们改造自然和改造社会中所进行的重大变革。是事物从旧质向新质的飞跃。"旧中国时，中国共产党抗外辱、拨内乱，与侵略者和国民党反动派进行殊死的斗争，不畏千难万险，不怕流血牺牲，以不灭的信念和生命的代价换来了国家和人民的安宁，这就是革命。由于革命是新生事物，因此，革命家庭中容易形成新的家风。

在整个革命队伍中，有革命家、革命者和革命支持者三种类型的人，都是革命不可或缺的力量。

第1节：革命家人家家风

革命家是中国革命力量中的领导力量，革命家与一般官员家庭的不同之处在于：革命家有革命理想情怀，在处于最危险、最艰苦的环境中仍然坚持革命，是生与死的选择和考验；一般官员家庭通常是在和平环境下的国家工作人员，虽有职位高低的不同，他们是革命成功后的守护者。

（一）董必武严于律己的家风

董必武是老一辈无产阶级革命家，是延安三老之一。1921年参加中共一大，为党和人民的事业奋斗了一辈子，在革命和国家建设中建立了卓越功勋。但这位忠厚长者，从来不摆"老资格"，而是以"配角"自居，从各方面严格要求自己。他还特别重视对亲属子女的教育，勉励他们勤奋学习、努力工作，绝不允许有任何特殊的行为。

董必武对革命事业作出过重大贡献，对家庭教育同样作出了示范性的建树，主要反映在教育子女、树立好家风上。

1. 立志报国，勤奋学习。

《董必武家书》载，董必武1937年在延安与何连芝结婚，育有三名子女：董良羽、董良翚、董良翮。为什么三个名字都带"羽"字？因为当年我国空军很落后，他很希望子女能飞上蓝天，成为祖国强大空军的一员。名字中的"羽"字包含希望，亦是教育子女的一种方式。至今天，我国空军强大了，董老的愿望实现了，也可以说革命成功了。

他认为要实现理想，就得珍惜时间，刻苦学习。1957年12月11日，董必武致信准备入学的大儿子董良羽，语重心长地说："时间切记不要浪费掉，要自己找点什么东西自修，找点自己最缺乏的东西自修。自修中遇到不懂的地方记下来，你们同住的人研究，有可以请教的人就向他请教，学问学问，问是学的不可缺的要件。这点我在京时曾对你谈过。我劝你不要浪费掉时间并不是想你一天到晚啃书本本。不是的，人的生活一天应有学习或工作时间，也应当有休息和娱乐的时间，只不要把应当学习或工作的时间被休息和娱乐所占去罢了。"他曾为《中学生》杂志题诗："逆水行舟用力撑，一篙松劲退千寻。"勉励中学生好好学习，天天向上。

2. 不忘初心，努力工作。

新中国成立后，董必武身居高位，不忘初心。对自己和家人及亲属均要求不忘初心，努力工作。他在1952年5月13日给堂侄董良俊的信中，称赞他在农业岗位上做得好，并说："从人民革命胜利开始，有些人就想不劳而食，甚至不劳的人想比劳动的人享受得更好些，这是大错特错的想法。劳动是光荣的，劳动人民享受自己劳动的果实是应当的。我们大家称赞你愿意自己劳动，不受别人的帮工就是这个意思。"对没有全身心投入工作的堂侄董良新，董必武在1952年5月28日的信中批评道："你想来京看看我们，这意思是可感的，但你已有一定的工作岗位，三反运动后业务工作必定很紧张，我们伯侄单纯为一次见面而耽搁工作是不好的，还是把这个念头扔掉，好好做革命工作吧！"董必武还明确指出，坚持原则的关键在于踏踏实实工作、老老实实做人。1950年5月8日，他致信在湖北省供销合作社工作的堂弟董献之，告诉他要"好好学习革命思想和作风，老老实实为人民服务"。

3. 任劳任怨，不谋私利，不搞特殊化。

据董良翚介绍，董必武对她讲过这么一个故事：长征过程中，每到一个地方，住宿时要分派村里腾出来的房间。有的是逃跑地主留下的，有的是贫苦农民腾出的，条件相差较大。战士们为此也有些议论。于是，董必武定下规矩，首先找出条件最差的一间留给自己，这样矛盾就自然解决了。

新中国成立后，不少家乡亲友希望借其影响力谋得一个好工作。但他一律拒绝，教育他们不要有特权思想。1951年2月13日，董必武在给堂弟董贤煦的信中，要求他放弃到北京工作的念头，而要力争在农村成为生产模范："你现在农村居住，你能识字，容易知道上级政府领导人民做什么，好好地帮助当地人民完成上级所号召的任务。农村有劳动模范，弟努力生产，帮助政府完成各项工作，可能争取作一个模范，不要抛弃工作已有根基的地方。目前来北京丝毫没有必要。。"1954年10月24日，董必武致信董贤煦时，就他请求的贷款之事指出："这样的事用不着我来介绍""现在国家是人民的国家，在国家机关工作的人，必须为人民服务，除了法律规定的职权外，任何人不能有特权。在你思想中对这点似乎还不很清楚。"

董必武还认为，有一定的文化知识，不应该作为个人的跳板，而要更好地为人民群众服务。1953年12月29日，他在给外甥王俊山的信中指出："我记得去年信中批评过你哥哥的错误想法，那时他就是想凭借我的力量去找较好的事情，你这次信中的提议和你哥哥去年以前的想法差不多，是错误的。""你如果是青年团员，想调动工作，应向团组织请求，不应向我个人请求。"以上所列就是董老向子侄辈传承家风。

（二）情报夫妻传承奉献型家风

革命家的战场不一定都在前线，有那么一批战斗在隐蔽战线上的同志，甘冒生命的危险，深入敌人的心脏，默默为革命成功输送情报，他们可称为"隐蔽战线上的革命家"。如被周总理嘉奖过的中共最杰出的秘密情报员之一沈安娜就是这样一位女革命家。

1915年3月14日，沈安娜出生在江苏泰兴的一个书香门第，父亲希望她温婉如玉，为她取名"沈琬"。在江苏泰兴中学学期间，沈琬阅读了不少进步作品，渐渐萌发了爱国救民的情怀[11]。1932年毕业于江苏省泰兴中学。1932年入读上海南洋商业高级中学，结识了在中共特科从事秘密情报工作的中共党员华明之。1934年，由于没钱缴纳学费，沈安娜选择了收费低且学期短的中文速记学校。

1934年冬，国民党浙江省政府要招一名速记员。中央特科领导王学文希望沈安娜能承担这个工作。经过考试，1935年1月，沈安娜被正式录用为浙江省政府秘书处议事科速记员。当时的沈安娜并没有想到，上海地下党组织的这一次安排，只是自己潜伏在国民党中央核心机关里15年地下情报生涯的开始，去延安甩手干革命的愿望始终没有实现。

不久，沈安娜接到了组织上的暗语密信，希望她"回上海一趟"。她偷偷地把省政府的一些会议文件、记录夹杂在衣物中装进小提箱，带回了上海。

沈安娜将国民党的计划以及武器装备、公路碉堡的附件、图表等重要情报，用特殊药水写在信纸背面，然后正面写一般的家信。王学文派华明之到杭州取情报。华明之和沈安娜有时在茶室里会面，有时装扮成情侣在西湖碰头。1935年秋，经组织批准，沈安娜和华明之在上海举行了婚礼。

由于沈安娜出色的工作能力，很快就担任了国民党中央常务委员会等重要会议的速记，凡是蒋介石主持的会议，沈安娜是速记的不二人选。沈安娜获得的重要情报源源不断，由丈夫华明之送出，直达周恩来等南方局领导的手中。来自国民党高层的许多绝密情报，周恩来等南方局领导了然于胸，避免了工作的被动，进行了针对性对敌斗争，为抗日战争和解放战争的胜利作出了重要贡献。

沈安娜和华明之志同道合、"妇唱夫随"，隐蔽战线上一干就是十四年，直到1949年上海解放，她和丈夫才离开南京回到上海，结束了九死一生的谍报工作。

1949年5月1日，中共中央情报部通电嘉奖了沈安娜和华明之等情报系统工作人员。新中国成立后，沈安娜和华明之分别进入国家安全局和上海国家安全局工作。1983年，沈安娜和华明之离休后，住在北京西郊。夫妇俩有个雷打不动的习惯，就是每天阅读《人民日报》，收看《新闻联播》。2003年，华明之去世，"老华走了，没有人和我一起讨论时政了，好在女儿天天来看我，使我觉得不那么孤独。"每天，沈安娜都会端详家里墙上挂着的那幅《荷趣图》。在画之前，她叮嘱画家，一定要在整幅图的中央画一片大大的荷叶，荷花要画小一点，藏在荷叶后面，不要挡了荷叶的风采。"老华总说,我是'红花',他是'绿叶'。我要永远依偎在他身旁。"

2010年6月16日,沈安娜因病医治无效于北京逝世,享年95岁。原中央顾问委员会委员、中共中央调查部部长罗青长在其出版的《丹心素裹:中共情报员沈安娜口述实录》一书中对沈安娜夫妇评价道:"他们出污泥而不染,身居浮华而慎独。这种革命情操在新的历史条件下,特别值得大力提倡。"

为革命事业奉献一生,既是信仰,亦是新组建家庭的家风。大多数隐蔽战线的家庭传承这种低调和奉献型家风,因为不宜公开宣传,故少为人知。对照第一章第2节"家风总说"的"扭转家风的导向",沈安娜情报夫妻家庭应称为树立新家风家庭。

(三)旧民主革命家与家风

中国革命的成功,以推翻封建主义的旧民主义的革命为起点,最终目标是建设社会主义的新中国。为此,本小节叙述的是资产阶级民主革命家与家风。一般来说,一些资产阶级的民主革命家,大多出生于经济条件较好富裕家庭,受过良好的教育,又因为他们具有正义感,有为国为民的思想,因此背叛自己的原生家庭而投身革命。就其原生家庭来说,是乱头家风,但就其个人属性来说,未来家庭却有为人民大众谋幸福的信仰。以下说说徐锡麟和秋瑾的革命与家风。

徐锡麟,1873年12月17日出生在浙江绍兴县东浦镇的一个名门望族。其父徐凤鸣秀才出身,当过县吏,家有田地百余亩,在绍兴城里开有天生绸庄和泰生油栈两家商铺,是当地颇有声望的士绅。这样的家庭出身,受的是儒家思想教育的影响。因此青少年时的徐锡麟,虽有抱负,立志做点对社会有益的事,但离不开忠君思想。未料到1903年他在赶赴日本参观大阪博览会时,因会中有中国古钟在展览，愤而感到列强欺中国太甚，乃系清皇朝压迫汉人太甚之故。不久结识了陶成章、钮永建等，在他们影响下，徐锡麟思想发生了巨大转变，逐渐放弃对清政府的幻想，弃改良而从事革命。当时，《苏报》案事起，日本留学生群起反对，徐锡麟也积极参与营救章太炎的活动。为了为革命做准备，他还到全国各地考察地势，写有《出塞》一诗，其中有"军歌应唱大刀环，誓灭胡奴出玉关。"等句。时在 1906 年春。

秋瑾，清光绪元年出生在世代为官的书香人家，籍贯绍兴。父秋寿南，少年时由父母作主，嫁王廷钧为妻，生有一子王沅德和一女王灿芝。1880 年，秋瑾不顾丈夫的反对，东渡日本留学。先是进入日语讲习所补习日文，又常参加留学生大会和浙江、湖南同乡会集会，明白了革命救国和妇女权利的道理，成为一个女权主义者。她曾说"女学不兴，种族不强；女权不振，国势必弱"，她以"鉴湖女侠"等笔名，在杂志上发表了《敬告中国二万万女同胞》等文章，抨击封建制度丑恶，宣传女权主义，号召救国。她写道："诸位，你要知道天下事靠人是不行的，总要求己为是。当初那些腐儒说什么'男尊女卑''女子无才便是德''夫为妻纲'这些胡说。我们女子要是有志气的，就应当号召同志与他反对。"秋瑾在校除学习外，还广交留学生中的志士仁人，如周树人、陶成章、黄兴、宋教仁、陈天华等。

1905 年，秋瑾归国，春夏间，分别在上海、绍兴会晤蔡元培、徐锡麟，并由徐介绍参加光复会。徐、秋先后加入光复会后，国内革命形势有了迅速的发展。标志性事情有二：

一是创办大通学堂。以徐锡麟为主，交由秋瑾训练学员，为武装起义做准备。1904 年底，徐锡麟在与各地会党联络中发现，虽然会党众多，也有一定势力，但素质偏低，要想联合各派并发挥作用，必须加以培训和教导。因此，萌生了创办一所武备学校以培训会党骨干的想法。1905年，徐锡麟说服富商许仲卿出资，创办大通学堂，并邀请秋瑾主持。绍兴文史专家林文彪认为，大通学堂的创立，是辛亥革命史的一个闪光点，它的历史贡献可以与后来的黄浦军校相媲美。

二是徐锡麟筹资捐官，打入清政府内部，掌握武装力量。得到绍兴徐克丞资助，捐得道员的资格。又通过各方关系，徐锡麟谋得筹办安庆陆军小学之事。后因表叔俞廉三的推荐和徐锡麟本人的精明干练，终于得到安徽巡抚恩铭重用，1906年冬季他到了安庆，向抚院报到，恩铭接见后，派他为安徽巡警尹。他小心逢迎，拜恩铭为师，恩铭引为亲信，又派他兼任巡警学堂会办。此时的徐锡麟食清廷之禄，却时刻不改革命之志，利用会办之机，秘密组织学员起义。

光绪三十三年（1907）二月，徐锡麟与秋瑾约定在皖、浙同时举行反清武装起义。原定7月19日举行，因一会党人员在上海被捕，招供出革命党人的一些别名暗号，两江总督端方电令恩铭拿办。恩铭召徐锡麟计议，徐锡麟见自己别号在列，知事机迫人，遂决定于7月8日巡警学堂举行毕业典礼时举义。谁知恩铭这天有事，要求将毕业典礼提前两天，无奈起义只得于6日举行。外援不至，准备未周，起义堪忧。

1907年7月6日，光复会成员安徽巡警处会办兼巡警学堂监督徐锡麟，在安庆刺杀安徽巡抚恩铭，率领学生军起义，攻占军械所，激战4小时，失败被捕，慷慨就义。审讯时挥笔直书："蓄志排满已十余年矣，今日始达目的。本拟杀恩铭后，再杀端方、铁良、良弼，为汉人复仇。"

1907年7月7日，徐锡麟被清廷杀于安庆抚院门前，剖腹挖心，死状极惨，时年35岁。

安庆起义失败后，大通学堂就暴露在清政府的追捕之列。但秋瑾坦然面对，认为革命没有不牺牲的。她没有选择逃走，被捕后被杀害于绍兴轩亭口，时年 33 岁。

从家庭和家风的角度看徐锡麟和秋瑾的革命行动，应该是正面的。因为他们所进行的事业是正义的，对原生家庭而言，虽说掀起的是乱头风，但他们的后人所建立的家风肯定是正面且光彩的，是信仰所致的革命家风。

【引言】佛教是世界三大宗教之一,由 2500 年前的释迦牟尼佛创建,宗旨是救度世人,从各方面解答众生心中的困惑,从而迷途知返,离苦得乐,脱离轮回之苦。佛说的"轮回"指众生的生命并非一世而终,而是根据不同的因果关系,生生世世在天、人、阿修罗、畜生、饿鬼、地狱等六道中轮转不休。由于六道众生皆系无常,苦多乐少,所以要志求解脱,通过禅定智慧等一系列方法,获得涅槃寂静的永恒安乐。综合来讲,佛并非遥不可及,按照释迦牟尼佛的教法,诸恶莫作、众善奉行,一步一个脚印修行,就会慢慢接近佛(觉悟)。修行既可剃度,也可在家为居士。在家修行的佛教型人家当有好家风。

我国的佛教以寺庙为形式,大致以新中国成立为分界线,一些比较有规模、有名望、有历史的佛教寺庙大多继续存在,如杭州的灵隐寺、虎跑寺、天台的国清寺等。而一些貌似佛教、实为民间信仰的寺庙,在新中国成立后大多数改建为新式学堂,这既符合党和政府的宗教政策,又是对废除旧的科举制度后,发展新式教育的的需要。如笔者所在杭州潮鸣街区的东园小学,即系在旧时机神庙的旧址建立。

第 2 节:佛教型家庭的家风

2008 年秋,笔者去杭州灵隐寺游逛,在出口处见到一个年约三十多岁的女子在抄写墙壁上的偈语——用一个小本子,看一眼抄一句。我禁不住好奇,问她:"请教一下,您抄这个做什么?"

"这上面写的话,其他地方看不到,觉得蛮有意思!所以抄下来回去忖忖。"这位中年女子回答。

我又问:"请问您是做什么(行业)的?方便告诉我吗?"

中年女性很友善，回说："做服装生意的，说说是老板，天天板牢。这几天，因阿姐来杭州旅游，趁机休息几天，所以才有机会到灵隐寺来看看，未料到发现一片'新大陆'，打破了我固有的'拜菩萨求生意兴隆、求发财'的思想观念。原来信佛要修行，要行善，要净化功利心哪！"

这番话说明她已从民间信仰逐渐转向真正的佛教信仰，不过，这仅仅是心灵净化的开始，在回到红尘世界后，她还有很长的路要走。

走出山门后，笔者老在想这位女性的话。是的，红尘世界，趋利争权的多，释家的那些超凡脱俗的境界有几个人能真正做到？不过我相信，这位与佛有缘的女子一定出身在"积善之家"，也一定有良好的家风。

（一）佛化家庭与佛教信仰

佛化家庭及信众应具备什么条件，大致可用信、戒、施、慧来概括：

首先，信仰要坚定，佛教称为信具足，是佛化家庭的前提。从字面上解释，信具足就是要信得充分、坚定。信就是信仰"佛""法""僧"三宝。信仰的入门，便是皈依三宝。信仰的中心，是佛法，即佛说的法，体现在三藏十二部佛教经典中。僧指受具足戒的出家人或证悟圣果的僧人，是佛教住世的象征。

其次是遵守戒律。对一般在家居士而言，主要指五戒——不杀生、不偷盗、不邪淫、不妄语、不饮酒。五戒中的重点是杀戒和淫戒。

现在社会上离婚率较高，大多受不良生活方式影响，重物质享受，轻精神建设，家庭观念淡薄。有人作过调查，凡是信佛的家庭，离婚率较低，可见佛化家庭的重要。

居家修菩萨道的居士，可加受菩萨戒。尤其是大乘佛教居士，确有受菩萨戒的必要，因为戒力是恶行的防腐剂。

第三是须行布施之道。佛教称为"施具足"。施就是给予，并且要有好态度。一要上报四重恩，即父母恩、国家恩、三宝恩、众生恩。以恭敬心供施父母，对师长报以恩德，热爱对自己提供安定生活的祖国，对引导自己解脱的三宝心怀感恩，至诚以待。二要以悲悯心布施孤苦贫病者。凡世间的人，能力有大小，时运各不同，孤苦贫病者不在少数，他们需要社会的救助，作为"众善奉行"的佛教弟子更应伸出援手。即使见到路边跌倒的老人，也应义不容辞地帮扶。三要以公益心态施舍并促成社会大众福利。方今社会，政府倡导公益事业，扶持建立公益机构，佛教信众在这方面义不容辞。

第四是要有明慧之识，佛教称为"慧具足"。即对佛法真谛的体会及领悟。佛的真谛是慈悲和智慧，通过自我解脱来救助更多尚未解脱的众生，在这个过程中亦使自己得到心灵的安慰和快乐。这是闻法的精进实践而得到的一种实证经验。佛陀时代，每对信众说一次法，便有很多人由闻法而见真谛，证得初果，那就是慧具足的体现。

（二）各有特色的佛化家庭

国人崇尚福寿禄三宝，如果一家人享有这三宝，则这个家庭或家人，就让人仰慕不已，其中的福宝亦称福气，是普罗大众都可以期盼的。一般来说，一个好的家庭，可称为充满福气的家庭。那么作为信佛的家庭或个人来说，大多有好的因素存在，或称有福之家。不过，在现实生活中，有福气的信佛之家，他们可能拥有很多好的元素，也可能以一种好的因素的存在而被称为有福气之家，且称之为特色之家，以下简述之。

第一类：**崇尚行善之家必有好家风。**

行善就是做好事、做公益，帮助有困难的人，无论是给予钱物的帮助或知识文化的帮助，只要不是为了金钱或物质的报酬，都可认定为崇尚行善、做好事，即使在路边帮助并扶起跌倒的老人，或替他打个报警电话，都是善良之举。

第二类：**好读书之家，佛家认为大多有好家风。**

读书虽然不能保证让你当大官、赚大钱，人生一帆风顺。但是多读书，多思考，一定对自己的成长大有裨益。尤其是多读圣贤书，就犹如与圣贤相交。用圣贤的智慧来指导我们的生活、工作、学习，相信很多现实问题都会迎刃而解。不仅读佛教或圣贤书，其他的书也可以多读，所谓"开卷有益"，每读一本书，就相当于和这个作者交朋友，他们把自己在某一方面的成功经验传授给读者，让我们能获得智慧，解决问题，更好地前行，这就是保持上进的最好方式。

第三类：**重视节俭之家，佛教认为大多有好家风。**

老祖宗告诉我们，一定要懂得勤俭持家。除了勤奋努力之外，我们还必须懂得节俭。如果说勤奋努力是创造财富，修得福报，那么节俭就是懂得惜福，保存福报。从真正意义上得福，不懂得惜福的人，是不配拥有福报的。就算家财万贯，也要懂得合理安排，有时候，如何花钱比如何赚钱更为重要。

第四类：**以和为主旨的人家，佛家认为大多有好家风。**

古人告诉我们"家和才能万事兴"。只有对家人、邻居以及社会上的人，始终保持和和气气的态度，才能生发出财富和福报。如何做到和气？重要的一点就是一定要懂得站在对方的角度去思考问题。人性都是自私的，都有自我的一面，总是习惯性地从自我的角度出发,要求别人按照自己说的办。

其实,每个人的生活和行为方式都是不一样的,一家人生活在一起,要互相理解,互相包容,要明白对方之所以要这样说、这样做,一定是有原因的。你真正设身处地的站在他的角度,也许就能理解,并宽容对方了。

第五类:勤奋求上进之家,佛教认为有好家风。

无论你的家庭当下处于何种状态,是富贵还是贫穷,其实,都需要不断的上进。《易经》中说:"天行健,君子以自强不息。"任何一个人达到一定的层次,都还有继续前进的可能。所以,保持勤奋上进的作风,无论是贫穷的家庭,积累到一定时候,也能转变家族的命运。

第六类:拥有坚定信仰的家庭,佛家认为会有好家风。

有人对信仰可能存在误解,认为信仰就是信奉宗教,要搞什么仪式,要跪拜接受洗礼等。其实,信仰就是在你心中所认为的、坚定不移的、你将来一定要实现和完成的目标。比如佛教,信佛学佛的目的就是为了获得解脱。你追求幸福生活,并不是物质条件的满足。无论你当下如何不得志,你都不要放弃,相信终有一天,你会出人头地,会获得福报——成功!

一个人如果没有坚定的信仰,就会对生活失去信心,没有目标,没有方向感,尤其是在遭遇挫折时,很容易自暴自弃。因此,无论你信仰什么,只要不偏离正道,都值得鼓励。有信仰的家庭就会有一股强大的能量在推动着每个人朝前走,直到到达光明的未来。

有福气的人家,会有更多种类型,这里不再一一列举。

（三）从谋财到顿悟谈信佛人家

多数世俗的家庭，常常将积累财富作为人生的追求，对于普通家庭来说，只要手段正当，合乎道德和法律，这无可厚非。但是"人之初，性本私"是天性，尤其是年轻时，由于经历的是非之事太少，在得与失的认识问题并不成熟，在物质上占了兄弟或朋友的便宜，而不知悔改，直到经历佛教经典等偶然因素后的指点后，才觉悟过来，从此洗心革面，一方面是改过自新，另方面是一心信佛，并且皈依三宝，成为一个在家居士。有这样一个事例：

杨某林与杨某龙是亲兄弟，靠其兄的勤劳，购置了房屋和汽车，并且开了一家汽车运输公司，算是进入小康之家。兄长杨某林活动能力较强，主管业务，弟弟杨某龙学会了驾驶技术，担任驾驶员。新中国成立后，因为兄长在解放前犯过点小错误，因此在运动中被戴上资本家的帽子，汽车参加了公私合营，他及妻儿被下放到农村。房子由其弟一家居住。

改革开放后，杨某林的妻儿落实政策，回到城里，想要回房子，但因为其弟娶妻生子后，全家六口，几乎占住了全部房子。要分出房子，实在不易，兄弟两家产生了争产的矛盾。由于气恼杨某龙之妻常常夜不能眠，时常生病，之后竟检查出癌症。

有一次，杨某龙之妻去灵隐寺进香，并且许了愿。晚上做了一个梦：观音菩萨赐给她一套大房子，醒后才知是梦。不数日社区贴出公告，这处房子属于拆迁范围，根据政策，两户人家可分得两套房子。房子不够问题顺利解决。从此她开始信佛，还于灵隐寺拜悟道法师为师，成为一名虔诚的佛弟子。

学佛后的杨某龙之妻不仅自己修行，还与丈夫一起从各方面反省、忏悔，纠正过去错误思想和言行，断恶修善。作为佛弟子，严格持戒，不久身体逐渐好转，经检查后，癌症竟然奇迹般消失。这个事例是否佛法所致，可以存疑，但信佛之后，放弃物质利益的激烈竞争，精神上不再焦灼，利于疾病的治愈，则是铁的事实。

信佛是好事，另如信众家庭大多夫妻和睦、子女孝顺，婚姻关系稳定，这也可看作是福报。

【引言】在国人的心目中，基督教和天主教之类都是洋教，迄二十一世纪一十年代为止，它还未能融入广大汉族同胞之间。如何对待这些西方流行的洋教，一个显著的特征是：这些宗教组织的名称（在中国大陆）带有"三自爱国"四字。如"中国基督教三自爱国运动委员会"中的"三自爱国"。也就是说，信"洋教"必须在爱国的前提下。

据有关资料显示，新中国成立之初，我国有基督教信众不过几十万人，至2023年，约有信众三千万人，增加了几十倍。一般来说，有基督教或天主教信众或信徒的家庭，家风大多相对温和。仅以信教家庭不准离婚这一教规而言，对社会安定有帮助，有良性家风属性。但我们也应该看到，像佛教一样，基督教和天主教需要经历漫长的演变，才能融入到中华文化的洪流中，外来文化与本土文化的碰撞，也带来一些新的问题和矛盾。

第3节：从景教到"三自爱国"谈家风

从基督教或天主教角度谈家风，先谈该教在中国的历史。

基督教传入中国，最早要追溯到唐朝贞观九年（635），当时称为景教。传教士叙利亚人阿罗本沿着丝绸之路来到唐朝首都长安，太宗闻讯后派宰相房玄龄亲往郊外迎接，请进宫中后详细询问教义。阿罗本呈上圣经、圣像，并说明传教目的。为了进一步了解其信仰，太宗让他到皇家藏书楼去翻译经典。三年后，经太宗审阅，下诏准许景教在中国传播，命人在长安建造一座教堂，用于安顿景教教士，并允许他们在中国传教。之后经历中宗、玄宗、德宗等朝，景教在我国已发展到全国都有教堂的局面。至武宗时，朝廷对外来文化已不再宽容，景教受到致命性打击，全国仅剩下一名景教徒。

基督教在中国恢复传教已是明代天启年间的事。据《大秦景教流行中国碑》等文献记载，基督教初来中国非常注重中国本土化。16世纪是欧洲宗教改革时期，天主教相继成立以耶稣会为代表的海外传教机构，开始将基督教新教传播到东方，以澳门为远东的基督教文化传播中心，并注重中西文化交流，以融和东西方文化为目标，其名称亦不再是景教。

基督教在我国的快速发展，主要在晚清至民国早期。其时由于清政府腐败无能，备受西方列强的欺凌，历经鸦片战争和甲午海战的失利。除了割地赔款外，另订立许多不平等条约，还被迫开辟一些通商口岸及租界，允许列强在我国各地办教会学校。这些教会学校，除了开设普通的课程外，另设有基督教课程。利用青少年心智还不成熟之际，向他们灌输基督教。如现代著名作家冰心，14岁进入贝满女中，在这里她学习《圣经》知识，了解基督教文化，这对她日后的文学观念产生了影响。1918年，冰心升入北京协和女子大学理科预科学习。这也是一所教会学校，受影响自不可免，并受了洗礼。因此，冰心早期的作品中有较多的宗教词语。但之后，冰心的宗教情结开始淡化。至1935年冰心接受力冈采访时提到当年受洗是因为老师的引导；自己并不排斥基督教，但也不看重宗教仪式。冰心对宗教的看法在《相片》和《冬儿姑娘》中已有清楚表示。

从教会学校开设宗教课可知，洋教人士用办学的方式，强制青少年接受基督教的神学。即使有些对宗教不感兴趣的青年提出不同意见，也会遭遇校方的排斥乃至开除。由于使用种种特权，基督教新教在我国才得到比较迅速的发展，直到国民党退踞台湾。在这段时间中，培育了一批老牌基督教信众。

以上为基督教在旧中国时再次开展传教的大致情况。

新中国成立后，为了正确贯彻宗教政策，扶正宗教发展的方向，政府有关部门于 1954 年开始引导教徒中有识见、有科学知识、有爱国情怀的教众筹备"中国基督教三自爱国运动委员会"，以摆脱境外势力对基督教协会的影响。

这里所说的"三自"就是自治、自养、自传。自治就是在爱国的前提下，不受境外势力的影响。自养就是活动经费自筹。自传即在合法登记后可以独立自主传教，不与境外基督教组织发生业务协作等。具有独立自主办教会的意思。

同年 8 月在北京召开第一届中国基督教全国会议，正式成立"中国基督教三自爱国运动委员会"。又于 1961 年 1 月、1980 年 10 月和 1991 年 12 月，先后在上海、南京、北京召开第二届、第三届和第四届中国基督教（新教）全国会议。

成立"中国基督教三自爱国运动委员会"的宗旨是：团结、教育全国基督教徒，热爱祖国，遵守国家法令，参加社会主义建设，坚持"三自原则"，成为独立自主的中国基督教会。

（一）基督教徒家庭三种类型

由于历史遗留的原因，基督教新教在我国存在一部分信徒，归纳起来大致有三种：

1. 世代传承型。

指家庭三代以上相信基督教家庭。他们是基督教在中国的基础，起着宣传基督教教义、发展基督教信众、拓展基督教场所的作用，使基督教在中国得到迅速的发展。数据显示，从新中国建立之初，信众得以成倍的速度发展，有他们的功劳。这些世代传承型的基督教家庭，夫妻和睦、婚姻牢固、家风纯正，对社会和谐有较好的作用。其中大部分既信教更爱国。

世代传承型家庭，其中文化程度较高者，大多成为牧师、职业神职人员。

2.信念坚定型。

这部分基督教信众或家庭，虽说入教还不久，但个人或家庭成员均有善良秉性，能恪守基督教的"三自"要求，在经人介绍入教后，对基督教的原罪说，能够得到解释。如笔者曾与一位信众聊天时，谈及基督教的"原罪说"，她说："我的理解是，人生下来后，虽说没有做什么恶行劣事，但我们每人要吃掉不少动植物，以维持自己的生命，是另一种形式的'弱肉强食'，也可以理解为'原罪'。我觉得得这位女士有见解、有悟性，有仁心，亦有反省精神，符合"原罪说"主旨。有这样思想的基督教信众及其家庭，应该说大多有较好的家风。

3.积极宣传型。

据了解，每一位入教的基督教信众，都有积极宣传教义的义务，认为是传播福音。宣传有多种形式，如：在自己家中或工作场所张贴"十字架图"，既标明自己的信仰，又无形中宣传了基督教；腾出自己家的房间或客厅，作为传教的场所，方便信众就近"做礼拜"。当然这些家庭教堂均须经宗教管理部门批准，才是合法的；分赠宣传资料。有一天，笔者往亲戚家做客，忽见桌上有一本《圣经》。经问询来处，说是儿子的同学所赠。进一步问，说是这个学生是一所重点高中的学生，由于父母信教，才有此行为，大致是这个同学也信了教；通过自媒体向外界宣传基督教，进行所谓的传播福音。如2010年前后，笔者开的博客上，常能见到传播福音的访客。近些年已见不到了。

（二）合理怀疑，改变信仰

有些基督教家庭，具有信教的传统（或者说已有二代信教者家庭），对于未成年子女，都希望他们信教，为此从小就带他们去教堂。由于家庭亲情的缘故，孩子一般不会反抗，不知不觉就产生了"信仰"，有的还入了教，经历了"洗礼"。可是在进入大学后，各方面接触多了，更因为新中国成立后，我们的教育思想是马列主义、辩证唯物主义思想，与基督教义格格不入，且青年人有朝气，容易接受新思想，就对基督教的"有神论"产生怀疑。有那么一个自述性的事例，题目为《一个青年基督教徒的迷思》，引文如下：

本人（指信教青年）出生在一个基督教家庭，奶奶是老信徒，本人自小就跟着奶奶去教会做礼拜，很自然地受到影响。上初中时接受"受洗"。直到大学都是虔诚的基督徒。

因为本人爱钻研和思考问题，凡事都要穷究其理。上大学期间，广泛阅读后，对基督教的有神论产生了怀疑。而身边的人没有一个能够完美解答我对有神论的疑问。

我家里有个上过神学院的姐姐，是牧师。她有很多朋友都来"帮助"我，其中有不少国外回来的，可是他们给出的答案仍然是苍白的，不能让我释疑。

我的疑问不是对教义的怀疑，我只要一个客观的、符合逻辑的回答。《圣经》上说，只要你相信教，就会得救，就能得到永恒的生命，无论什么问题都可以在框架内得到解决。但现实是：现在科学已经进步到微观能观察到原子的运动，宏观观察到宇宙的奥妙。世间万物都是由原子组成，都在不断的变化。到现在为止，没有一样东西或事物是永恒不变的。只要稍微有点理智的人都不会相信永恒。

另,"人的生活,人的一切,包括世界的一切,无论好的坏的,都是上帝安排的。"这个说法也让我很难理解。因此我怀疑基督教从本质上对人是洗脑的。因为它强制你不能相信别的,只能相信上帝。上帝的话100%正确,如果不对是你理解不了,这就更令人生疑。

从以上事例,可看出这个大学生对基督教信仰已动摇,已经成为一个唯物主义者,与基督教的有神论已格格不入。不过从家风角度看问题,这个怀疑者的家庭仍然有较好家风。

信仰与家风有相互影响的关系,重于正确导向的精神信仰,大多爱好和平、合作,就家庭范围来说,一般有好家风;对物质利益贪婪或斤斤计较的家庭,好家风不易入门

【引言】中国的世俗信仰比较复杂，有的貌似宗教信仰，但又不同于宗教信仰，民间信仰最大的特点是：偶像的多样性，既有精神寄托，更有功利目的，且不须修行、做功课，换句话说，除了拜偶像、许愿式的功利性"承诺"，没有什么精神上的负担，有的只是升官发财梦的寄托或多子多福的祈求。为此，在城乡民间十分盛行。

世俗信仰的种类很多，如为了做生意发财敬奉财神，盼望生个儿子传宗接代拜送子观音，参加科举考试拜文昌帝君，经营中药供奉药王菩萨，另有拜土地爷、月下老人等。总之一言，呈多元化，无系统性。

一般来说，世俗信仰多出自宗教，以偶像崇拜和行善积德为其表现形式，虽有迷信的成分，但只要不过分，亦有利于社风、行业风、家风的端正，引导人们顺天应人，不违纲常，寄托人民群众的各种愿望。

第4节：从民间信仰谈家风

中国的民间信仰，更接近儒家之说，但不是文人的儒，而是市俗的"儒"，它有以下几个特点：

一是早于其他宗教，有的来源于自然崇拜，有的源于祖先崇拜，有的源于行业精英的敬奉。

二是缺乏系统性，呈多元化，互不相关，既有自然神中的火神、雷神、水神等，亦有地神中的城隍菩萨、土地公公，既有主管姻缘的月下老人，亦有掌握财运的财神菩萨等。

三是大多与人民生活密切相关，具有实用性特征。如求子的家庭，期望生个男孩，以续"香火"，选择去拜送子观音。

四是信众较多,男女老少都有,遍布全国城乡各地。

五是有些民间信仰带有迷信色彩,且有害,如旧时中学课文《河伯娶妇》中的河伯,是迷信且有害的神,需破除,故入选课文,以警示后代。

总的说民间信仰有祖先崇拜、偶像崇拜、自然崇拜、消灾崇拜等,可分为敬天神和敬地神两类。以下举比较普遍的民间信仰略说。

(一)信奉财神与家风

民间信仰以财神最为吃香,旧中国时几乎家家户户都供奉财神,尤其是做生意的家庭。这是因为经济是生活的基础,而财神是家庭财富的守护神。

那么什么是财神呢?据有关资料及民间传说,汉地流传的财神有多个,以范蠡、比干和赵公明为主。前两位为文财神,文官打扮;后一位为武财神,武将穿戴。不过,江南一带大多奉赵公明为财神,有赵公元帅之说。

在新中国成立前,人生最需要解决的是温饱问题,即离不开钱。如果吃的问题未能解决好,则家风问题无从谈起。而钱由财神掌控,因此祭拜财神是最普遍的民间信仰。这种信仰对家风有一定好处,大致有以下几种情形:

1. 正在创业的奋斗型家庭,对办好企业满怀信心,认为再经过二三年奋斗,工厂、商店一定会越办越好,赚钱会一年更比一年多,且呈必然趋势,因为有财神保护着。

2. 对于员工来说。为老板打工,商店或工厂赚到钱,自然也有员工的功劳,年终会得到一年比一年高的奖励,红包会大一点。对员工的家庭也是一种福祉。

3. 接送财神虽说仅是一种形式和心理安慰，但更是一种普适性的民俗，不必与封建迷信挂钩。

总之一言，接送财神的民间信仰，主要作用是心理慰藉和动力激励，是家庭上进及家风和顺的一种助剂。

（二）媒神与送子神

我国的大多数寺庙都供奉有观世音菩萨，这位菩萨因为愿力弘深、有求必应，在民间有着广泛的信众，知名度甚至超过了释迦牟尼佛。更由于观世音菩萨的化身无数，民间信仰中附其名望，而演化出送子娘娘、月下老人、姥母等不同的民间偶像，甚至还被道家借用，新增了慈航真人这样的神祇名称，可见观音信仰的深入人心。

一个新家庭的诞生，大多以一对新婚夫妻的结合开始。在民间信仰中，促成婚姻结合的是月下老人，俗称红喜神、媒神，也可视为观世音菩萨的化身。为了祈求婚姻成功及今后婚姻生活美满，在一些地方，建有月下老人祠，祠内除了有月下老人神像外，另设有求签筒和解签台。签条大多为模棱两可的诗句，虽有上、中、下之分，但基本没有下签。

在民间，观音菩萨被供奉的最大原因是有求必应，那么无子之家，祈求生个男孩，以传承香火，礼拜观世音菩萨就成了必然选择。又因观世音菩萨多为女相，面容慈悲，充满母性，演化为送子娘娘满足了信众的心理需求，加之诚心所感，确有灵验，故在民间信仰中有着强大的生命力。一般来说，一味追求生男孩，很难说是好家风，因为重男轻女有悖现代文明，不过政府对此持宽容态度。

（三）福禄寿神与文昌君崇拜

福禄寿神的崇拜在民间亦很盛行，是传统文化的延伸，随着科技的发展，渐趋消亡，因为这些崇拜不具实际意义，最终必然落空。

福神一般称岁星，即福星，指一年间有降福于全家之含义。每当春节之前，在各个摊头，常能见到有小贩在出售《天官赐福》的画像，供家庭度岁祭奉用。神像为吏部官员模样，身穿红袍，腰围盘龙玉带，手拿玉如意，脚穿黑朝靴。脸容饱满，慈眉善目，给人一种喜悦祥和之感。据传福神系唐代道州（今湖南道县）刺史阳城之像，因为官"有善政"，死后被封为福神。

禄神的说法各地不尽相同，一般认为有两位，一为四川眉山远霄，因他为保护侏儒与皇帝发生抗争，而被民间尊为禄神。又一种奉后蜀皇帝孟昶为禄神。

不过据笔者的考察，在江南大地，大多奉文昌君为禄神，而各地所奉文昌君又不尽相同。如浙江杭州奉于谦为禄神。为什么呢？一则于谦参加过殿试，被赐为进士，是官禄的象征，二则于谦官至兵部尚书，是一品大员，三则于谦最后含冤而死，值得人们纪念，故尊其为禄神。四则在袁枚《子不语·科场事五条》中，有一条关于众多秀才云集于谦祠待考举人的轶事，颇能说明其为禄神。引其中的第五条如下：

> 有三人祈梦于肃愍庙，两人无梦，一人梦肃愍谓曰："汝往观庙外照壁，则知之。"其人醒，告二人。二人妒其有梦，伪溲焉者，即于夜间取笔向墙上书'不中'二字，天尚未明，写'不'字不甚连结。次早，三人同往视之，乃'一个中'三字，果得梦者中矣。

这则轶事颇能说明民间所说的禄神，应是曾殿试进士的于谦。当然轶事是否实有其事，很难考证。不过从秀才考举人有期盼，应该有求上进的好家风。

前面说过，早些年笔者在田野调查时，曾住宿在新叶村叶同猛家，并请他陪同游走全村，他领我去的第一个地方是文昌阁和文风塔。并向我讲述建造这座阁和塔的渊源和历史，可见村民对文化的重视和信仰的寄托。

寿神亦为民间信仰之一，一般称南极老人、南极仙翁、老寿星，无具体的人。古代卫生条件差，人的平均寿命较低，长寿老人成为一种稀缺。因此汉朝时有尊老的规定，对六十岁以上的家庭，可免瑶役；另设王杖制度，提高老年人的地位等，故民间有寿神崇拜之设。寿神的画象比较特别：一个白须飘飘的老人，脑门外突且无头发，手拄一支拐杖，还张挂老寿星的像以示敬老。

（四）行业神与家庭

行业神亦为民间信仰之一，名目繁多，供奉对象不一，是自然经济条件下的一种人才崇拜现象。择要作粗线条的叙述：

1. 最广泛的行业神为鲁班，是建筑五匠的偶像。木作、泥水、石匠、油漆、铁匠等均奉他为神。因为古时泥、木、石、漆、铁五匠应用最广泛，鲁班的名气最大，故奉之为神。

2. 蚕花娘娘神。丝绸和纺织是关系民生的大行业，丝绸产品源于蚕丝，为养蚕方面需得到保护，有蚕花娘娘之设，一般认定为嫘祖。据杭州丝绸博物院的资料，是嫘祖创始养蚕和织绸，为此被尊为行业神。织绸和织布也有祖先，通常称为机神，不少地方至今仍有机神庙遗迹。杭州旧有机神庙，新中国成立后改建为下城区第三小学。行业神对讲究诚信、精究质量有促进作用。

3. 药神和医神：是民间对健康有关的崇拜。生老病死，人之常情，信仰并崇拜医者和药神是很自然的事。医界的大多数人奉张仲景为医圣，因为他撰的《伤寒杂病论》奠定了治疗温病的基础。药者大多尊崇孙思邈，他以《千金方》而被尊为药圣；也有奉李时珍的，因为他著的《本草纲目》是中药的奠基之作。

4. 与文化有关的造字之神——苍颉。人类文明的进步离不开文字的记载，每个家庭都与文字有关，没有文字，人们的生活将无法想象。中国历代以来有"珍惜字纸"的传统，是每个家庭文明程度的体现。造字之神苍颉，也受到历代文人的宗奉。

与文字神相配的别有笔神，传为蒙恬。蒙恬是秦朝著名将领，曾驻守九原郡。在军情紧急、需要快速书写的情况下，他急中生智，用红缨绑于竹竿上在白绫上写字，后经改良，利用狼毛和羊毛做笔头，造出了早期的毛笔，故在民间蒙恬更被尊为笔神。

5. 中国各行业之神还有许多，据传有109种行业（指古代）。民间有"三百六十行，行行出状元"的说法，都说明行业之众，宗奉行业神，对家庭求上行，培育及家风有关。

总的说，大多民间信仰对家庭和行业、家庭和社会有一定的好处，是促成好家风的助剂。

�# 第八章　中国式家风杂说

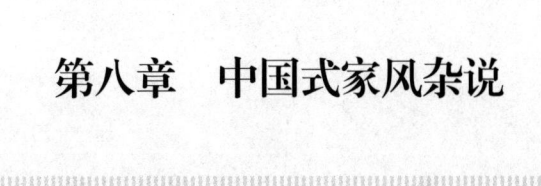

【引言】

家庭是一个缩小了的社会，随着时代的进步，它的文化现象亦在不断地改变，例如旧时代民间比较重视的家祭、祠堂、家谱等文化形态，进入现当代就渐渐地淡化了。

家祭是祭祀祖先的一种仪式，是感恩的一种方式和反映，和扫墓不同的是：家祭在家中进行，扫墓到坟上拜祭。但都是感恩之情的寄托、血缘和亲情的体现。陆游的诗句"家祭无忘告乃翁"，就因为蕴含爱国思想，才广为人知。

家谱是一个家庭或一个直系家族的繁衍记录，一般稍有成就或颇有文化的家庭会存有家谱。其中会记录家庭的成功经历，用以告知家人和后辈，其作用是保存历史、激励后辈。如果说将全国许多家谱整合在一起，会大大地丰富民间的历史。

祠堂现今大多存在于乡村中，为宗族村庄所特有，是一个家庭繁衍、发展及激励家族的载体，一般供奉家族中有作为的人士。如诸暨市花明泉村，以何姓家族为主，该村的祠堂中供奉着首任北京大学校长何燮侯、民国时期著名武术家何长海等杰出人物。

第1节：家祭、家祠及牌坊

中国的家庭文化丰富多彩，有多种多样的形式，有的具有激励性质，有的有娱乐功能，有的具有纪念性，也有的主要发挥教育作用。总体说，它属于家庭的历史文化范畴，在城乡颇有差别。本小节主要谈谈在农村较为多见的家祭、祠堂和家谱三种文化现象。

（一）家祭与家风

家祭是传统文化中的一个小分支，人们较为熟知的是诗人陆游的《示儿》诗："死去元知万事空，但悲不见九州同。王师北定中原日，家祭无忘告乃翁。"表达了他对收复中原失地的关切之心情，体现的是爱国情怀，也是他对子女的要求，从家庭传承方面来说，反映的是好家风。

现代社会有没有家祭这一形式呢？笔者认为仍存在家祭和祖坟祭两种。

常规性的家祭有生日祭、忌日祭、年节日祭三种。一般祭的是父母及祖父母、曾祖父母三代，因为这三代时间较近，感情贴切，且有亲身感受。讲究点的人家或文化人家庭，有兼祭九代的，向上溯为：父亲、祖父、曾祖、高祖、天祖、烈祖、太祖、远祖、鼻祖。平常所说的祭列祖列宗指九代及以上。

另有一些特殊家族，祭拜的对象是家族中对社会有特殊贡献的人物。如绍兴的禹陵村，系大禹的后裔，他们每年都要祭祖，就是祭祀传说中大禹逝世的日子——忌日祭。不过，他们不在家中祭，而是到庙堂去祭。为什么呢？因为个个后裔都要祭拜，且场面宏大，再因大禹庙就在村边。

上面说了普通人家的家祭，一般上祭两三代，参与祭拜者大多亦为两三代，父母、孩子、孙辈，虽说媳妇不是在这个家中出生，但由于是夫妻关系，亦参与祭拜。

常规的家祭使用供品、香烛、纸锭等。祭拜时，心中默默悼念父母及祖父母，表示感恩，同时亦希望子女学习感恩，具有示范及教育子女的作用。

家庭中有家祭这项内容，应该说是正能量的，因为它既有教育子女的作用，亦有凝聚家庭成员、增加亲情的作用，是有好家风的体现。

（二）祠堂与家风

要说祠堂先说家祠。家祠俗称香火堂，一般只供奉祖先的牌位或画像，作为祭祀及怀念之用。特点是一个家庭的单传，即直系裔孙的祠堂。家祠在乡村是常见事物，尤其是在传统文化浓厚的乡村大户人家，大多建有家祠。因为这类家庭大多由历代文化人主家政，他们在孝道、祖荫、遗泽、教育子孙、凝聚宗族等传统文化方面有较为迫切的要求和期望，而供奉祖先的家祠就起着这些方面的作用。

祠堂为放大化的家祠，为全族人所建，有多重功能，如祭拜大礼及演戏，供奉神像及牌位等，而最让族人受惠的是教育族人的功能。浙江军旅作家孔令旗，是孔夫子的第76代裔孙，但因代际久远，加上历代战乱等原因，在新中国成立前，他家已成为贫农之家，直接导致读不起书。因为邻近的榉溪村有孔氏祠堂，办有义塾，他以同宗同族的身份去读书，认了些字，为之后进小学插班打下基础，再后来他参军成了连队的文化教员。在部队中，由于他爱好文学、喜欢创作，成为浙江省知名的诗人。

除了教育功能外，乡村的祠堂另有许多具体的功能，如召开族人大会，讨论宗族内部的大事，宗谱是否增修，费用问题等。

有关祠堂的积极作用，《牛史·晚清篇》载有一件轶事：

胡林翼任湖北巡抚时，有一次有位候补知县来拜见他，由于来得匆匆，满头大汗，他不经意地拿着扇子扇扇，按官场的规矩，这是不礼貌的举动，但胡林翼很有涵养，不计较，问这位候补知县，如果去做县官，想达到什么要求？这位候补知县答："想赚三千两银子！"胡林翼未想到此人如此直率。于是进一步问："赚三千两银子何用？"这位候补知县再答："我家贫寒，读不起书，幸亏得到祠堂的资助，才有机会读书和买几本必要的书。祠堂对我恩大如山。一千两银子要捐给祠堂,剩下一半用于养家糊口,另一半用来周济同村的乡邻。"

这次问答除了说明这位候补知县的直率,也反映出他有感恩的品质。这亦说明,这位举人有很好的人品和家风,胡林翼大笔一挥,补知县。

乡村的祠堂有不同的等级和档次。大的叫总祠堂,中等的叫祠堂,小的叫香火堂,也有的乡村有双祠堂。如朱熹后裔聚居的园林村,早先有大中小不同的祠堂,但在太平军进入浙江境内时遭到破坏,现今仅保有一座香火堂遗迹加一块石碑。又如兰溪诸葛八卦村,有大公堂和宰相祠堂两座大祠堂,复建于明清两朝,村里人将大公堂叫总祠堂,将宰相祠堂叫纪念堂。都是用以凝聚诸葛亮宗族、传扬好家风的场所。

家祠可以设在家内,供奉祖先的牌位,每逢年节或祖先生日、忌日时进行祭拜,以怀念祖先的恩德,也是教育子女的一种方式。一般来说重视家祭的人家,大多有孝顺、敬老的好家风。

(三)牌坊及家谱

与祠堂相似的另有一种牌坊,旧时在乡村很普遍,在城市的郊区也能见到,是表彰乡贤或烈妇、宣扬好家风的一种物件,尽管随着时代前进的步伐,这类物件已很少,但它们中的精致者作为文物被保留下来,如东阳市卢宅的牌坊群,层层递进,共有九进。东阳市李村的祠堂亦很有名,有"卢宅的牌坊,李家的祠堂"之说法。

家谱亦称族谱,也有称宗谱、世谱的,是一个家族人口繁衍、支系增多后,在家谱基础上的延伸,也是古籍旧书中的一个小分支,特点是不在市场上流通。一般来说,以血缘为纽带的族谱,虽有粗分细分、卷多卷少、年代远近等差别，但大都包含谱序、谱例、谱图（世系表）、谱系本纪、族规家训、祠产（族产）、仕谱、人物简传、艺文等内容。

在城市里，族谱已不多见，可在江南地区的不少农村，还有较多的存在，特别是一些名人大族建起的村，由于祖上当官，有文化，产业丰厚，人口众多，且官运亨通，并在风景秀丽之地建村，为了光宗耀祖和激励后人，往往建有族谱。笔者于2004年因采写《吴越古村落》一书，走访了吴越地区28个村庄，除林坑古村系非文化人建村、没有建立族谱外，其余村庄大多都建有族谱。现将有关见闻叙述如下：

族谱的日常保管。一般要考虑防盗、防蛀、防潮、防火、防洪等方面。如一个村有一部或几部族谱，往往由族中有威望的"长老"指定专人负责保管。如大慈岩镇新叶村，除指定专人负责保管外，还在一幢明代建筑"双美堂"的楼上独辟一室，专门存放族谱。又如兰溪市诸葛镇的花厅沈村有句"六月六，晒红绿"的时谚，说的是每逢三伏天，是翻晒族谱的好时机，要拿出来晒晒太阳。因为村里只有一部族谱，就由族中年岁较大、威望较高的三个人轮流保管，翻晒族谱也由轮值者负责；此外，还要负责风雨、虫、盗、火等灾害的防治，查阅族谱需经族长或村支书同意。

非常时期族谱的毁坏及护卫。保管和毁坏总是相对的。在特殊年代，往往有全村遭殃、族谱几乎被毁灭的情况。如19世纪中后期，太平军曾二进江南，族谱难免遭毁；20世纪60年代，许多族谱被烧了，有的村庄的族谱几乎被烧光。这时候，对族谱的保护就显得特别重要。

续谱和修谱。族谱是全族人的历史记录，由于时光的流转，族内的情况会有大大小小的变化。为了使族谱更符合实际情况，往往需要修谱或续谱，特别是在太平年代，有"盛世修谱"之说。

近些年，江南地区一些有族谱的村，大都修了族谱。如前文提到的俞源村，我去该村采风时，他们正在为修谱搜集资料，讨论得很热烈，我就拍下了那场景。有的村在修谱时，广邀海内外族人返回祖居地，广泛征求资料和意见，搞得热热闹闹，并召开族人大会。如被明太祖朱元璋封为"江南第一家"的郑宅，于南宋末年建村，始迁祖为郑国后裔郑渥、郑涚、郑淮三兄弟，他们迁入浦江后，建有郑氏族谱。那一天笔者到该村采访，正逢他们召开族人大会，布置宗族世系表填表事宜，有近两百人参加，笔者拍下了现场的场景。

族谱是一个宗族传承发展的实录和有关宗族规约条例的载体，其中可能有一些封建迷信的内容，但它是一个家族的历史，也可以说是中华民族中的一个细胞、一个基础单位的真实记录，只要注意扬弃，它是应该保存的。

【引言】

"传家宝"这一词语,具有家族文化、财富文化和礼仪文化相结合的属性,是我国传统文化中的一朵小花。在生产力相对落后的古代,它曾经比较广泛地流传在民间,尤其在广大农村,由于文盲极普遍,贫穷为常态,但有改善生活的渴望,明知难以改变命运,往往将幻想寄托在"聚宝盆"之类的具体物件上,如民间故事《传家宝》《聚宝盆》等就反映了这类思想和愿望。现代意义的传家宝为数极少,和发财致富的关系也不是很密切。

不过,社会在进步,科学技术、生产力在发展,特别是改革开放以来,随着工业化前进的步伐,农村不再闭塞,生产力和科学技术得到大幅度的提高,人民生活日益提高,一切带有劝人行善兼含发家致富的民间传说,正在逐渐被淡忘,代之而起的是:网红的追逐,短视频的崛起,各种信息平台的涌现,并以获取点击量盈利。本小节要叙述的是:一、什么可称为传家宝;二、从民间故事《传家宝》谈家风;三、倡导传家宝的现代意义。

第2节:传家宝与家风

"传家宝"是一个"过去式"名词,在民间社会还常使用,本意大多指一件宝贝很珍贵,很难用金钱衡量,类似于珍贵的文物。与之对应的有民间传说的聚宝盆、皇帝赐的"丹书铁券"之类的物件。

因为传家宝具有珍贵的特征,为此民间将传家宝延伸至其他物件,例如一块祖辈获得的荣誉奖牌、一块地方官府奖的匾额、全家的大恩人留下的遗物、祖上留下的一本家谱等。如兰溪市辖下有个花厅沈村,系南朝著名文学家沈约后裔的聚居村落,村里保留着一本祖传的宗谱，记录沈约大家庭繁衍的历史，由于系手写，特别珍贵，成为沈约家系的传家宝，由家族中声望最高的几位老人保管，并制订族规：定期晒书。晒书之日，家族之男女老少都来现场，观瞻家谱，以示怀念先祖。并且将晒书日定在六月六日这天，称为"六月六，晒红绿"。2006年这天，笔者正在邻近的诸葛八卦村采风，闻讯后雇车去观瞻，气氛很庄重。

发展至现代，传家宝的意义更加宽泛，本文要写的传家宝，就是普通人家视为珍贵的物件，均和家风有关。

（一）什么可称为传家宝

什么是传家宝？作为物件的传家宝，是不是一定很珍贵、很值钱？"传家宝"一词，《辞海》解释为："世代相传的宝贵物品。"根据这个解释，就家风问题看传家宝，它应该是多种多样的，以下我们分别作些述说：

世代相传的珍宝。大多指有经济价值的宝石、宝珠、宝玉等贵重珍品。例如有一户石雕世家，其祖上曾发现一块极罕见的和田玉，用毕生的积蓄买下后，雕刻成一件珍品，虽有主顾出重价欲买它，但家人舍不得卖掉，后来传给儿子，这样一代代传下去，通称传家宝。如笔者在《红宝石》一文中写到老艺人石敬艺亲手雕刻的吴清华雕像，由于是由一块珍贵的青田石雕刻而成，舍不得卖掉，就传给儿子，故在石家称为传家宝。

具有文物属性的特殊物件。一般指贵人赠给或赐予的物件。可能是革命领袖，也可能是封建时代皇帝赐给功臣的"丹书铁券"等，家人既奉为荣耀，又传给子孙，故称为传家宝。在封建时代，人的荣华富贵或生死存亡，都由皇帝说了算，虽贵为大臣，但偶犯皇怒，也可能被处死，这时"丹书铁券"就起了"免死金牌"

的作用,这类情节常被戏剧引用。

传说中的传家宝。中国古代的瓷器闻名世界,而真正留存下来的却寥寥无几。扬州博物馆的镇馆之宝——元代霁蓝釉白龙纹梅瓶(简称"梅瓶"),有一段"身世"传奇。

梅瓶早先为朱立恒先生的祖传之物,到他手里已是第六代。据说朱立恒的祖先在朝中做官,梅瓶是皇帝赏赐给他祖先的,全家人一直将其当做传家之宝,每年只会在除夕之夜拿出来观赏。

1976年,因担心梅瓶遭到破坏,朱立恒瞒着妈妈和哥哥来到扬州市文物商店,以18元卖掉了这个瓶。因为梅瓶被误认为是清代瓷器,一直被闲置,直到被一位古瓷专家发现,引发了业界的关注,引来多家博物馆争相购买,扬州博物馆以3000元的价格购得。

之后,此瓶经国家文物鉴定委员会评定为国宝级文物,曾有法国某博物馆愿出价40万元人民币收购,另有香港收藏家愿意出价3.4亿人民币收购,都被拒绝了。

近日看到一则视频,景德镇有一女瓷匠余二妹,退休后自我创业。一天她途经天津,见到一座奢华的瓷房子,触发灵感,萌生造一座瓷宫的念头。这一年(2011年)她80岁,已收藏有几万件瓷器。她的决心已定,不顾家人的反对,花了20万元在山里租了地,开始建造她梦想中的瓷宫。功夫不负有心人,经过5年劳苦,一座镶嵌了36万个瓷器的瓷宫建成。

瓷宫的第一层为青花为主的高温瓷,蕴含典雅之气氛;第二层是老茶花盘子瓷,使人感觉到中国瓷茶具的丰富性;第三层为古典粉彩多色瓷,散发的是繁华的瓷气氛。在布局设计上能看到丝绸之路的文化踪迹,又有一带一路之当代文明。总的说,这座瓷宫共投资六千万元。瓷宫主人余二妹,没什么文化,只是热爱瓷器艺术而已,在她生前这是一份传家宝,在她身后捐献给国家并对外开放，是瓷文化宝器之一。

实用价值的珍宝。广义的传家宝亦应该包括特殊意义的房子。如清代大诗人袁枚，用毕生心血建设了一座随园，是江南第一名园。可是他有两个儿子，传给谁好呢？临终前他将两个儿子叫到身边，告诫说，希望他们共同保持这个传家宝30年，于愿足矣！这是实用性质的传家宝。可惜的是，之后太平军进攻南京，这一特殊的传家宝被毁。

消灾避难的传家宝。如民间传说的免死金牌，确有其事。吴越国王钱氏家族就有一件。五代十国时，南唐朝廷曾赐给吴越国王钱家一件金书铁券，表彰其功绩，当时钱家在临海。吴越国纳土归宋后，宋太祖曾让其带去一观。

（二）从民间故事《传家宝》谈家风

笔者少年时，曾听祖母讲过一则《传家宝》的民间故事，寓意很好，与家风亦有关，至今记忆犹新，故事梗概如下：

很早很早以前，有一户贫穷的农家。父子三人靠开荒种地为生，在风调雨顺时还勉强能填饱肚子，到了灾荒年就得糠菜半年粮。有一年，遭了一场雹灾，庄稼颗粒不收，眼见这家人又要挨饿，父亲一急之下卧床不起，临终时，把两个儿子叫来说："我这一辈子吃了不少苦，本想给你们俩积攒点家产，日后给你们说个媳妇，可未能如愿。不过，你们已长大，只要手勤脚勤，算计着过日子，日子会好起来的。"说着，老人从枕底拿出一块木牌，上面刻有"勤俭"两字，交给两个儿子后说："这是留给你们的传家宝，你们千万要牢记在心，勤劳节俭度日！"说完了就离开了人世。

父亲去世后，兄弟俩都遵循父亲的嘱咐，和气勤俭度日，慢慢地都成了家。开始时两家在一起过。老大和他的媳妇都很勤快，老二和他媳妇很节俭，日子过得还好。但过了些时日，妯娌俩闹意见。老二媳妇嫌老大媳妇大手大脚；老大媳妇嫌老二媳妇小里小气。先是背后叨咕，后来当面鼓对锣地干了起来，闹得不可开交。兄弟俩一商量，开始分家单过。分家时，哥俩对田产房屋都很公道，只有那块传家宝"勤俭牌"没法分。兄弟俩一合计，便将它锯开，老大拿了带"勤"字的半块，老二拿了有"俭"字的半块，两人都表示，一定要照父亲临终时的叮嘱去办，把日子过好。

分开过日子后，老大总是低着头拼命干，很勤奋。俗话说"人不糊弄地，地不糊弄人"。只有两三年的工夫，老大家积攒了很多粮食，喜得眉开眼笑，觉得这个"勤"字真是地地道道的传家宝。但是没过三年五载，老大觉得吃不穷、喝不穷，只要多勤劳，省不省没关系，便开始大吃大喝。一年又一年，出得多进得少，他家的日子开始有困难。加上天灾，有时竟揭不开锅了。

老二呢？因为只知节省，每天一碗半碗地喝粥，不知多劳动、多打粮的好处，日子一久，也断粮少顿了。

这时，老大想"打虎还得亲兄弟"，得向老二求救，老二也想"患难才能见真情"，得向老大求助。这天哥俩在门口遇上了，老大对弟说："借我两升面吧，我灶里眼看就不能冒烟了。"老二很难为情地说："我也断炊了。"

霎时兄弟俩都想起了父亲临终时留下的勤俭牌，互相找出自己的毛病，一个怪自己只注意"勤"没注意"俭"，一个怪自己只注意"俭"没注意"勤"。主要原因是这个传家宝不能分开，两字缺一不可。两人一商量后就将"勤俭牌"合在一起，兄弟俩也合到一块过日子，辛勤耕种，省吃俭用，几年工夫，日子越过越富，还存了很多粮食。

这则故事既是讲传家宝的，同时也告诉我们人生最重要的是"勤俭"两字缺一不可。只有勤劳，才可能会创造财富，但难以

269

守成，会成为"富不过三代"的魔咒。同样道理，如果只注意节俭，不思进取，也会陷入困境。同时说明合作的重要。再从家庭的角度讲，这块传家宝虽是很平凡的木牌子，但其意义非同凡响，值得人们深思。

（三）倡导传家宝的现代意义

中央电视台综合频道在2016年就推出一档《我有传家宝》的文化收藏类节目，节目立足当下，以传家宝为载体，通过讲述传家宝的家族传承故事，展现中国优秀的家族文化、财富文化和礼仪文化。

对于一个家庭来说，持有传家宝应该说是一件好事，至少比之于平凡、普通人家要雅致一些。也就是说，保存传家宝是一件好事，它的现实意义是：一种好家风的体现。

保存已有的传家宝。天下之大，无奇不有。笔者相信在全国范围内，许多家庭有自己的"传家宝"，并且在继续代递着，但也可能用不同的方式保存它。

夏云奇是浙江省绍兴市上虞区人，祖上曾保有一本陈望道最早翻译的《共产党宣言》，当年出版时印数就很少，经过时间的流逝，这种版本的书已经十分稀有。1992年，当地文物部门得知夏家有这样一件传家宝后，透露出想收购的意思。夏云奇得知情况后，觉得虽说这本《共产党宣言》的保存是祖上思想进步的见证，是正家风的反映，可激励自己和后代积极上进，但如果由文物部门保有，意义会更大，他就毅然作出决定：无偿捐献给文物局！当捐献的消息在《浙江日报》刊出后，笔者特地从杭州赶到上虞找到夏云奇，并在他任副校长的上虞中学前合影。

这种捐献传家宝的行为，应该是好家风的体现。一则，能够教育下一代树立一心为公的思想。二则，虽说捐了文物，但得到的《捐赠证书》同样很有价值，仍可作为教育子孙的传家宝。

　　新建家谱是传家宝的一种形式。方今社会，城市和农村家庭的生活水平有很大的提高。俗语说，盛世修志，各级政府及单位，都在大兴修志之风。家庭或家族亦同理，应该认识到，一个家庭有一份家谱是一种宝贝，建议在有条件时不妨编写一本《家谱》，保留家庭的历史记忆并传承下去，使之成为"传家宝"。

【引言】

从 20 世纪 80 年代开始，各种各样的培训广告开始出现在多种媒体上，大致经历了 30 年的时间，培训广告达到了高峰。至 21 世纪 10 年代后期，在官方的干预下，才慢慢降温，据笔者的观察，首先从培训式学历教育入手，对在职读研实行"一刀切"，从报纸、电视上消失，这样一来，有两个直接的效果：一是为学历而学历的现象不再过度宣传，二是利用公款消费之路被堵死。不过，自 2019 年下半年开始，又有一些大学开始招收工商管理硕士研究生。笔者相信这一波不会是公款消费"滥招"。

从表面看培训式广告，不仅限于在职硕士研究生，更多的用在对孩子们的"培训"上，如各种各样的舞蹈班、音乐班、书法班、美术班、武术班等，其中以瑜伽班最为新潮。

各种培训是培养孩子的技能，骨子里却是一种商业行为。最有感召力的一句培训语是：别让孩子输在起跑线上。是的，谁家愿意在孩子未入学或入学后让孩子"落后"呢！

培训与家风有关吗？有关。以下分别说说。

第 3 节：别让培训式广告影响家风

广告是一个现代词汇，传播能力很强，作用也很大。现代各种新产品几乎都需要广告的传播才能在市场上生存并发展。这是因为它能将一种新商品介绍给大众，说明其功能、用途、使用它的好处等等，至于是否夸大，很难保证。

不过，广告有好作用是事实，推广新商品，推动新事物，确实需要广而告之。但过分夸大作用，导致误导消费者，就有点不适宜。笔者看到这样的广告："买得起房了。好地段学区房直降五十万！"但如果追问一下，会发现：先是提高了 40 万，然后降了 50 万，每套房仍然要三五百万元！

（一）为学历而学历的教育

笔者有一邻居，20 世纪 90 年代毕业于一所大学专科。30 出头的她满怀着激情找工作，但是由于她是工科生，且是女性，想找到理想的工作并不容易，已经换了好几个单位，还是没有落实工作"终身制"。正当她倍感苦闷时，忽然在报上看到许多则招收研究生的广告。起初她一掠而过，但当她再次将目光移往这则广告时，她像发现了一片新大陆。为什么？因为其中有"国家承认其学历"等词句，更因为以下一些条件吸引了她：

1. 上海某名牌大学；
2. 有大专学历，3 年以上工作经历即可报考；
3. 边工作，边学习，学习时间 3 年；
4. 授课地点：当地；
5. 需经过入学考试；
6. 专业是：工商管理学；
7. 网上可查到学历的真实性；
8. 学费面询。

这位邻居有点动心了。为什么？有两点：一是无须到上海去上学，不仅能节省费用，而且不影响在当地工作和照顾家庭；二是无须本科学历。为了得到更详细的信息，她就到招生处打听，诸如毕业后所发的文凭是否和全日制普通高校一样，有没有"成人"两字。每年的学费多少。她对得到的回答感到相当"满意"，3 年学费 20 多万，如果今后能找一份好工作，一年多挣 10 万，不是赚回来了吗？再向已经入读的"学长"询问，只要真的有一份大专毕业证书，入学考试不会有问题。

她回家后和丈夫商量，但丈夫不同意，说是今后找工作没有保证，而且20多万元不是小数目。好端端的家开始起了波澜。但妻子坚持要读，而且认为辞去工作读研，一定拿得到文凭。经过几番交流，她说服了丈夫。在3年苦读中，她的功课门门通过，唯一的难题是写一篇毕业论文，而且需要答辩。

我们应该认识到：国家承认你的学历，并不等于社会认可你的能力，承认你的学历是"死"的，未必认可你的能力是"活"的，这与是否重视学历无关。工作要求的虽是名校或学历，实际上仍然是能力，全日制普通高校的硕士研究生大多为本科毕业生中的优秀者，素质相对好，有能力，这是客观事实。

后来这位邻居为了找出路考研究生，虽说她处处碰壁，但就这件事来谈家风，可以说他们家是普通家庭、有平凡人家的好家风，有事商量着做，虽未能达到找好工作的预期，但从此对广告有了新的认识却是好事。另有两点收获：

一是了解到镀金式学历并不实用，只能起到自我安慰的作用（评职称或加工资能起到一点作用）。

二是吃一堑、长一智，增长了见识，认识了务实家风的重要性。因为招人单位的人事经理大多有较为丰富的社会经验，知道成教学历和全日制高校硕士生有质的不同。

三是就社会环境来说，大多高校招收在职研究生，究竟是继续教学（成教）的一环呢，还是主要为了创收，很难说清楚，而且对找工作很少起作用，她在正式单位工作，对评职称可能会有用处。总的说，多读书总是好事。

（二）认清"别让孩子输在起跑线上"是广告语

广告是传播新生事物的一种手段、一种形式，随着时代的推进，人类在不断地创造新的文明，各种科学技术的发明，新材料的研发、产生都在造福人类，但大多要借助广告的传播，虽说"酒香不怕巷子深"，但那是古代生产力不够发达，不能得到有效传播的安慰语。一种好的文明成果，如果能快速传播，应该是好事，否则何来各类媒体的发展。

广告的原生态应是很正面且有利的，如中国古代的酒招，高高地悬挂在酒店门口的"旗杆"上，就是广而告之之意，方便酒客寻找。然而，人有自私之性，有些人觉得广告可以为自己的商品或事业谋取超越本身价值的利益，就人为地将商品的使用价值拔高，乃至虚假宣传，或将一些并不一定适合成人或孩子的培训，用美丽的广告词包装，以达到发布者的利益。举例说，铺天盖地的房产广告，总是打出"降价了""买得起房了""两房两厅的好房子，直降××万元"之类的宣传语，很有诱惑力，但上门一问，完全不是那么回事。

那么，常常登上报纸或发布在电视上的"不要让孩子输在起跑线上"这句话，就孩子的成长来考量，它是什么呢？

有人说"不要让孩子输在起跑线上"是对家长及孩子的一种忠告。现在社会上讲究公平竞争，小学有入学考试，以分别班级编次，中学有"中考"，也是为了编排重点班乃至"清北班"。如果孩子在高考中能进入"211""985"等高校既是一种光荣，今后的发展空间也会大许多；假若孩子在小学及初中阶段打好基础，今后能进入"清北班"，当然更理想。所以不论是孩子的知识体系或综合素质的培养，能从小做起不是更好吗？因此笔者认为，"不要让孩子输在起跑线上"是一种忠告。

也有人对这个说法持不同意见，他们认为"不要让孩子输在起跑线上"是一句广告语，至少它的主要目的是广告，是为了吸引孩子进培训机构。说得直白点，目标是孩子家长口袋里的钱，用一些"专家评定"之类的话语误导家长、愚弄孩子。以上两种说法，显然属于对立，那么它究竟是什么？

以下我们作些分析：

1. 从普遍数据看问题，使用"不要让孩子输在起跑线上"这句话的机构大多是办舞蹈班、书法班、形体训练班之类的，如果你的孩子的目标是考上好的大学，主要是凭分数。

2. 不能否认，每个孩子都有不同的天赋条件，就科技文化的基本课程来说，几乎每所学校都希望招收好生源，北大清华在全国招生，要的都是尖子生。只有少数孩子具有独特的天赋，如偏向于文学或音乐，艺术或体育等方面。如果属于后者，则从小开始培养，进特定的培训班之类的，可能是合适的。但这类孩子毕竟是极少数。因此，"不要让孩子输在起跑线上"对大多数孩子来说并不适合。

基于以上认识，笔者认为将"不要让孩子输在起跑线上"当作广告语，是偏离方向的，不宜提倡，但从小培养孩子吃苦耐劳的精神是很有必要的。

（三）扼杀孩子创新性的培训不是好路径

方今社会，孩子的教育问题和技能培训问题似乎成了一股潮流，可以说不少年轻父母都碰到过这个问题。别家的孩子上了培训班，自己的孩子如果不上，是不是吃亏呢？有的乃至形成一种焦虑。为什么？是望子成"龙"、望子成才，而不是望子成人，也就是说，社会上流行一种对平凡的恐惧！恐惧什么呢？怕被人看低，怕上不了"台阶"！其实成为平凡人并没有什么不好，平庸才是应该避免。脱离实际的追求第一、做冠军梦，是出风头的同义词，并不一定可取。

关于孩子是否成龙、成才或成人的问题，有两方面的因素，其中之一是家长。笔者注意到主张上培训班的家长，大多希望孩子将来出人头地、高人一头，成为冠军或栋梁，但要成为栋梁，一般涉及天赋条件、勤奋程度的问题，虽说进培训班能解决部分"勤奋"问题，但天赋因素却不好改变。有"北大屠夫"之称的陆步轩，以一个县的高考状元进入北京大学，他在大学很勤奋，但不可能像在县里时那样高人一头。另一因素是孩子。在少年阶段，孩子的认识很肤浅，兴趣不稳定，需要家长把握，是行使监护权的时候。

孩子的教育问题，在前面已经说得很多了，这里要说的是孩子的原始兴趣是否应该得到保障。让我们先从具体事例谈起。

孩子的原始兴趣应该被尊重吗？当一个孩子处于童年、少年阶段时，我们首先要问："他有没有自主权利？他的天性权利是否应该尊重？"如果说有且应该被尊重，该怎么做？是不是应该有"度"。

一般来说，孩子有天性，好动、好玩、对兴趣有流变性，关注点随意，兴奋点短暂，这是人的幼年期的特征，也应该是孩子的"权利"！家长应该明白，爱护孩子的权利，就要尊重孩子的天性，而不是以家长的主观愿望去诱导或剥夺孩子的"权利"。从这一点出发，在参加培训班的问题上，家长应该给孩子以"人权"，尊重孩子的天性。

如何行使父母的监护权？父母的决定，往往带有成人心理：多数家庭容易着眼于眼前的功利，憧憬于虚幻的荣誉，沉湎于考级、得奖等鼓励手段。这实际上是虚荣心在作怪，且剥夺了孩子的自由成长、享受童年快乐的权利。这不是监护权的正确行使，而是管理权的滥用，不可取。因此笔者认为儿童阶段的孩子应该有享受童趣的权利。对奖状的本质应有清醒认识。

培训对孩子的创新性有扼杀的可能。对孩子过分"管理"，会形成习惯，使他过分依赖父母和导师，从而遏制孩子的想象力，在他们成人后会有所反映。

当然这是指普遍意义上的孩子的人权。有些有特别天赋条件的孩子例外。诸如特别聪明的孩子，普通的学习进度根本满足不了他们的学习要求，而且从为国家培养优秀人才的角度出发，让他们提前进入大学，尽早进入科学研究领域，于国于家都是合适的做法。如极少数体育方面的优秀苗子也是这个道理。这里说的是大多数普通孩子，他们应该有自由、活泼、快乐的童年。

挫折教育并非坏事。在一些发达国家有让孩子从小吃苦、经受挫折的培养方式，在暑期让孩子到艰苦、贫穷的地方去生活，使孩子从小就能认识到在这世界上并不只有父母的爱和家庭的温暖，还有艰苦乃至磨难等待在前行的路上。在经历挫折教育后的孩子，会知道生活来之不易，从而更加热爱生活，对社会、对人类充满感恩，成为一种无形资产。

【引言】

在说家庭和家风时，往往着眼于成年人的主导作用。是的，一个新组建的家庭，容易忽略家庭的非主要成员对家风的影响，如怎样对待年老或失能的家人，如何接待乡村来访的"土"亲戚，如何对待不争气的孩子等这类问题会形成影响家风的冷角落。

当今社会，开放程度高，人口流动性大，许多农村青年为了改善自己的生活，曾经出现过进城市务工的大潮，现在又出现边远小城市的居民向沿海东部大城市寻求发展的新趋势，有的曾是钢都，有的曾是煤城，有的以石油工业独占优势，曾经是热度高的发达城市，但当这些城市的资源耗尽后，优势就成了劣势。

人口流动是一件好事，在这种流动中，有些异地婚恋和新家庭产生，同时，男方和女方的文化、经济、习俗等方面存在差异，这时走亲戚就可能成为一个小问题。本小节主要说说老人、乡亲、孩子和家风的关系。

第4节：老人·亲戚·孩子

有人说，看一个家的门风，只要看这个家庭对待老人、农村亲戚或城市的穷亲戚及孩子的态度就可略知一二。是的，每个家庭都以青壮年为主体，无论是创造财富、事业成就、抚养下一代或扶养老一辈，都需要年轻力壮的家人来担任，而他们是家庭的主角。那么为什么从对待老人、乡村亲戚或孩子的态度中，大致能看出这个家庭的家风的一二呢？这应该和人心的善良与否及耐心的程度有关。

家庭大多要经历组建、发展及裂变的过程，一个新家庭的诞生有组建时的喜悦，当有新生命出生时，有新的喜悦，因为这意味着家庭的发展和成长,当发展到一定的时候,就会产生另组建新家庭的需求,这就是家庭这一群体的不断组合和裂变的过程,也是整个社会发展的过程,就家庭成员而言亦同样,从出生、成长、入学、就业,再到逐渐进入老年,期间会发生疾病、失健等意外。在这个过程中,喜悦是主要的,但烦恼或责任也需要面对。这就涉及家风是否良好的问题。通俗地说,是否应该尽到孝的责任、对农村亲戚是否应该尊重他们的文化、对孩子是否不要溺爱等。

(一)敬老与否看家风

俗语说:"家有一老,胜过一宝。"也有人说:"病床眼面前,百日无孝子。"这两句话都来自生活,在生活中都能找到事例,这是因为各个家庭有各自不同的情况。

前一种情况是说:儿女成人后结婚成家,并且有了孩子,父母刚退休,闲在家里无事,而且身体还很好,就住进儿女家,帮助儿女做做家务,照顾孙子孙女,既有精神寄托,又帮助儿女解决后顾之忧。就帮助子女、照顾孩子来说,是比请保姆更适宜的人选,怎么不是"家有一老,胜过一宝"呢。

后一种情况是说:因为家中的父母(不论是否同住一处),已经年老体弱且多病,不能独立生活,需要人照顾。作为子女,自己要上班,还须接送孩子,忙得顾不过来,很少有精力照顾父母,虽可请保姆代劳,但条件是否允许、保姆能否能请到、都是客观事实!当父母有病需要帮助时,才有"病床眼面前,百日无孝子"之说。这些还是对家风比较好的子女而言。

有这样一个事例:华某某,医生,副主任医师,由于年龄偏大,在当今日新月异的环境,不太适应用智能手机。但是其他老同事、老同学都用上了。怎么办?形势所迫,不得不学。因为他丧偶独居，过年时到儿子家小住，让儿子教，一遍两遍都没记住，只好让孙女教，三遍四遍仍然只会使用微信。孙女说："奶奶介笨的。"引得哄堂大笑。这个事例反映的应该是不错的家风，小孩子口无遮拦，既是天性流露，也是当前教育的现状。

人世间的情况是复杂的。生活中另有一类人很少有感恩之心，亦缺乏责任心，更别说孝顺了，他们很厌恶老年人，包括自己的父母，他们嫌弃父母不懂新事物、行动迟缓、说话啰嗦，形象不好看，完全没有知恩图报的心，更不知赡养父母是法定义务。这类家庭如果有兄弟姐妹，就会发生相互推诿的责任。就家风的标准考量，应是不及格之列。

如何对待老人是一户人家的家风好坏的重要考量。人会老是必然趋势，每个人都会从少年到壮年，然后变成老年。都会从朝气蓬勃到精力旺盛，再到年老力衰。对于长期照顾失能老年人，要看是否已经尽了力，如果已经尽了心，不应苛求；办法是请求社会救助。近些年，党和政府大力发展民生工程和养老事业，就是为了帮助最普通的底层人民解决养老问题。

（二）来了乡下亲戚看家风

虽说现在多数青年讲究物质财富，但在婚姻问题上仍然有少数"爱情至上"的青年情侣，有"生命诚可贵，爱情价更高"的纯情者。也就是说，当一个优秀的农村孩子，在进入大学或大学毕业后，碰上了一个富家子女，而且比较痴情。两人恋爱了，但对方家在农村，且路途遥远。当谈婚论嫁时，这类婚姻往往会经历不少曲折。

一般讲，首先是父母反对，特别是一些条件好的家庭，认为今后很少有见面的机会，不了解对方的家庭是个什么样子，不如找个本地人放心。可是子女态度很坚决，认为结婚是他们自己的事，不顾父母反对，结婚了。父母当然无法干涉。如果这样的异地婚姻双方均为城市家庭，且文化和社会地位差别不大，问题很小。最伤脑筋的是：一方是农村家庭，另一方是家在城市，且文化差异很大。当这样的两家结成连理后，免不了双方要相互走动、探望。农村家庭成员带上点土产作礼物是常情，住上几天也有可能。这时就有个文化碰撞的问题。如城市人到农村去不一定住得习惯；农村人到城里走亲戚总不能让他们住旅馆。更有的农村家庭，经济条件较差，而城里亲家特别富裕，子女双方互不嫌弃，但双方家长却不能适应。当然这不是家风不够好，也不是家长修养不够的问题，更多的是文化碰撞的问题。但也不能排除一方不懂规矩、不讲分寸，这时候如果是城市家庭，最能显现家风是否良好的问题。

电视连续剧《人世间》中周秉义和郝冬梅的婚姻就是典型的文化、条件不对等的联姻。尽管周秉义和郝冬梅患难与共、情投意合，但周秉义出身平民，家庭条件很一般，而郝冬梅出自高干家庭，父母都是省级领导，这种社会地位的反差，直接造成了两个家庭的疏离，甚至老死不相往来，在一定程度上也影响了小两口的夫妻感情。从家风上说，两家都没有问题，周家虽穷，却恪守道义，以仁善之心处世，更显人间烟火的真诚和温暖；郝家虽为权贵，亦不忘老一辈的革命传统，谨言慎行，廉洁奉公。两个同样具有好家风的家庭却不能和谐共处，究其原因，仍然是传统观念和文化碰撞的问题。

因为有这种情况，所以在儿女婚姻的问题上，家长和子女大多非本地人不谈婚姻。在相亲市场上，大多家庭先提这个问题，性质是门当户对，有好亦有不足。因此，现下的许多恋爱，重视条件，很少激情，和封建时代的婚嫁，没有根本性区别。

（三）慈爱过头是溺爱

2019年4月号《中年读者》有一篇名为《你们都去医院，谁给我做饭》的文章，讲的是张阿姨家发生的事。

张阿姨有一个女儿，已23岁。一直以来，父母将她视为心肝宝贝，什么家务都不让她做，渐渐地养成了习惯，成了一个"千手不动的小龙女"。

这一天张阿姨突然感到身体不适，去医院检查后，诊断为乳腺癌，需要立即住院进行手术。正当大家忙着整理要带去的物件、商量何人陪护时，女儿有点很无奈，突然说："你们都去医院，谁来给我做饭！"

这句话让在场的父母和其他人一下子愣了：是的，女儿从来没有烧过一次饭，更别说烧饭前还得去买菜、洗菜等一系列活计。至于菜市场在哪里，她完全不知道。要让一个一无所知的女孩去完成完全陌生的事，的确有困难。但是张阿姨生病需要手术，必须住院，当然是最要紧的事。只好委屈并关照女儿：那就暂时叫外卖吧！

从《你们都去医院，谁给我做饭》这一标题可以看出，用意很明显，对孩子溺爱不仅不是好事，而且可能害了她。亦证明张阿姨对女儿从小就是娇生惯养的，这样的孩子今后到社会上如何生活？

溺爱几乎存在于大多数中国家庭，它的根源是"人之初，性本私"的膨胀所致。具体来说，有多种表现：

人从出生到少年期，是比较招人喜欢的时间段。在此期间，天真、活泼、有朝气、有梦想，虽说没有成年人的经验和成熟，但亦没有成年人的那种世故、老到乃至不诚实，所以不仅父母、祖父母喜欢,即使陌生人,也很爱孩子。人的本性是"私",因为孩子是自己的,所以很爱,爱得过度,成了溺爱,好事成了坏事。

溺爱必然产生后果:那就是孩子只知自己的利益,忘却了对生命的感恩。孩子的生命是父母给予的,虽说从出生起就有个体的生命权,但感恩生命的由来,是每个人应有的道德底线。将父母的爱当作自身的享受,是私心过分膨胀的反映,不可取。最后必然不被社会看好。就家庭与家风的角度讲,是普通且有不良倾向的家风。

从父母的角度讲,作为家长,喜欢孩子是必然的,正如人们所说的"养小日日鲜"。但是这份爱不能过度,必须受理智的约束。让孩子懂得感恩,既是为孩子好,亦是对社会对自己负责。不然,过度的爱,会诱发孩子的自私之心,反而害了他。

(四)面对问题怎么办

在家庭中面对扶养老人、抚养孩子、与不同文化背景的亲戚往来,确实会有难题式的问题。有些是不可预见的,有些是可以预见的,但需要自己改变方式和态度。试简述如下:

面对失能老人的扶养问题。一定只能从孝的观念去认识,努力改变自己的忍受和气量。古代有二十四孝图,其中虽有封建思想的部分,但其本意是提倡孝道,克制自己的私意,为父母作一点牺牲。在两难的情况下,将自己的利益退居第二位,也就是在家庭内部倡导忍让,以维系好家庭秩序。

如何正确抚养孩子是现代社会的一个重要话题。由于人性之私的缘故,"养小日日鲜",从而产生爱,既是亲情的必然,也是自然法则的衍生,但在方式和程度上必须注意:

一宜注意钟爱与溺爱的界限,可以说爱是自然的流露,但要控制爱的程度。过度的爱，会造成孩子的失能。如前面提到的，一个 23 岁的女子，当其母亲因癌症须住院时，竟然首先想到的不是母亲病重，而是谁来给自己做饭。

二宜自己多学习、多读好书，明白人性既有善良的一面，也有丑陋的一面。教育孩子是施予，但不是无原则的施予，而是有理智的施予。不能因施予过度而"害"了孩子，不论你的"害"是不是有心的。

面对亲戚间城乡差距和文化碰撞，这个难题该怎么办？笔者的意见是：付出、忍耐。所谓付出，就是暂时改变自己原来的性格和习惯，适应现下的新形势；所谓忍耐，请明白乡下亲戚上门，或到乡下走亲戚，只是暂时现象。大致的建议：知道问题，淡化问题；预防为主，对子女的婚姻进行规劝，但不宜直接干涉。

本小节讲如何对待老人、孩子与亲戚是一户人家的家风表现之一，尤其是对待异地的乡村亲戚和家庭的失能、失智老人以及培养成长中聪明孩子等家庭特殊情况，是一个家庭家风好坏的重要考验。

【引言】

吸烟与喝酒,是大多数中国家庭的一种存在。就利弊关系而言,有好亦有坏,坏处大于好处。但是由于社会性的习惯和传承,这两种癖好很难减少,更别说禁绝它。唯一可行的途径是限制它们的发展,加上公益性的宣传,压缩其生存的空间,从而保护人类的健康、促使社会和家庭的稳定并减少冲突、让每个不同年龄段的家人健康地生活。

吸烟的人群大多为男性,这是因为在社会交往中男性居多数,且男性比较外向。交往多带来"传染多"的机会,形成社会性的传承链,另有家庭内部的传播。一个吸烟的父亲大概率会将吸烟习性影响到子女,尤其是儿子。并形成一个新的瘾君子。当形成烟瘾后,就很难离开这小小一根香烟了。

喝酒与家庭的关系更密切,但喝酒的利弊关系似乎比吸烟要小,除了酗酒是坏习惯外,稍许喝一口,还被一些人或酒商视为"有益健康"或享受生活看待。只有过度饮酒,饮酒后开车,才被定性为限制行为。民间有"酒色财气"一说,带有一定的贬义,作为好家风建设者,应该有所警戒。

第5节:劝君节制烟与酒

说到家道,勿忘吸烟与饮酒对家庭和家风的影响。一则为了家人的健康;二则为了家风向正方向发展;三则有利于养成家庭和家人节俭的风气;四则可免却意外的祸害;五则有利于家庭下一代的正方向的成长;六则可节省家庭开支。

在一般情况下,吸烟与饮酒,对于家庭和家风来说,无非多花几个钱的问题,对家庭来说不是大事,但是如果不加节制,常年亲近这两样东西，基本上不算小事。只有在适度、少量、最终戒掉它或偶尔碰碰它的前提下，才算是平常事或好事。不过，笔者还是那句话"劝君远离烟与酒，清白人家不用愁"，远离烟酒，只好不坏，值得提倡。

（一）吸烟弊大于利

说到吸烟，先说其历史。就吸烟的历史来说，中国人抽烟的历史距今已经有 400 多年，最早是从明朝嘉靖年间开始的。

烟草原产地在南美洲，大航海时代被哥伦布带到欧洲。当时哥伦布到南美洲后，见到当地的印第安人用一个 Y 字形的小管子，分叉两头塞到鼻子里，另一头塞点干烟草点燃，然后吞云吐雾，这让哥伦布感到非常新奇。烟草被带到欧洲后很快流行开来，明朝嘉靖年间葡萄牙人来到了中国的澳门，顺便也把抽烟的习惯带了过来，中国人就这么着也开始学会了抽烟。

据有关数据统计，中国有 3.16 亿烟民，而且 15 岁以上的烟民呈上升趋势，每年死于吸烟相关疾病的人数约有一百万。调查显示，中国烟民吸烟的心理需求主要有三个：社会交往，个性显示，心理需求。

再就吸烟的利弊来说，应该是弊大于利，以下先说弊：

一、吸烟的害处。

①对人体的伤害。任何烟草在被点燃并吸入人体后，都会产生不良影响。吸烟时产生的烟雾里有 40 多种致癌物质，还有 10 多种会促进癌细胞发展的物质，其中对人体危害最大的是尼古丁、一氧化碳和多种金属化合物。一支烟所含的尼古丁就能杀死一只小白鼠。长期吸烟，极有可能患肺气肿、气管炎、肺癌等肺部疾病，严重的甚至会死亡。因此总体讲，吸烟者不如不吸烟者健康，从平均

寿命看，不吸烟者的寿命较长。

②吸烟者在吸烟时，周围环境会被污染，使周围的非吸烟者吸进一些有害物质，俗称吸二手烟。经常在家里吸烟，那么你的家人的健康没保障。如果你一天不戒，不仅自己的健康没保障，而且家人的健康也没保障。

③吸烟增加家庭支出，可能导致财产损失。如果烟瘾较大，长期、大量购买香烟，会增加家庭支出。吸烟如果引发火灾，那么不光自己财产受损，还会波及邻居，甚至引发大面积山火，触犯法律。

二、吸烟不全是坏处，适度或少量吸烟也有些许好处。

多数事物都有两面性，吸烟亦同样有一些好处。

①能提神醒脑，适合一部分人。如作家等脑力劳动者，他们大多吸烟，原因是写作需要思索、灵感。在写作时有时会陷入停顿、疲劳，这时点上一支烟，既可作消闲，有时也有会激发灵感。如毛泽东、鲁迅等伟人都有抽烟的习惯。

②适量的抽烟可刺激多巴胺的分泌，从而产生兴奋、快乐的情绪，使人心情舒缓。

③香烟的物质还会刺激神经改善注意力不集中的现象。每个人都有不同的禀赋，有的人很聪明，但注意力集中的时间比较短暂，会影响工作效率，特别是自由职业者。对这类人群来说，少量吸烟，不全是坏事。

④既然吸烟不可能戒绝，那就限制其发展吧，限制的方法是经济手段。在专营的基础上，征收高比例烟税，从提高烟价限制其疯狂发展，同时增加了国家的税收。

（二）从名牌酒大多为白酒谈起

说起饮酒，先谈档次，次说酒风，再讲利弊，四说家风。

第一，酒的所谓"档次"，除了口感好坏，还和烈度有关。就"档次"而论，能成为国宴之酒，一般来说都是好酒，另从价格的高低，也可看出是否上"档次"。我国生产的酒，就排名而言，前十名基本上都是白酒。黄酒能排上名的仅绍兴黄酒一家，还曾一度成为国宴酒。但最后还是被茅台赶超，说明人对酒的评价标准主要在烈度、气息和味觉。近些年市场上出现收购陈年名酒的风气，大多为白酒，说明酒已经进入文化领域。

酒的档次与家风有关吗？笔者认为应该有关系，饮酒求档次，送礼讲高档，大致与家风的崇尚实际或讲究"大手笔"有关。如早些年，笔者曾往东浦镇赏仿村采风时，向一位管村大礼堂的胡云亮老人问询绍兴酒原生地生产情况。他很高兴，坚持要我去他家看看自己酿的酒，并且一定要送我一瓶带回杭州喝。这个自酿酒，对他来说，是高档次酒，是崇实家风体现。

第二，说酒风，且看《绍兴酒风》这篇文章，系发表在《华夏酒报》的旧作，从中主要反映绍兴饮酒人的态度，录于下：

> 喝酒风尚，有疾有徐，各地不同，据说，粤北山区讲究一个"和"字，用大碗盛酒，放在桌中央，满桌子的人，用匙一匙一匙轮着喝；显示一种礼让、有序和亲善。又据说，在东北、山海关一带，喝酒讲究一个"豪"字，通行"一口干"，有"过了山海关，一碰就得干"之谚，表现的是豪爽之情。而在江南水乡绍兴，喝酒讲的是一个"咪"字，也就是慢慢喝，不管是满桌、对饮或是独酌，喝一口酒，过点"下饭"，然后搭搭味道，闻闻

酒香酒气，回味一下酒质，想一想事体，叫作"咪酒"。

为什么绍兴的酒风是"咪"？姑从水文、人性、酒品三方面作些解读。

一、就水文而言，绍兴地处江南水乡，历史上曾经处在"门前一条河，出门靠船行"的大背景下，许多家庭门前大多有河埠头，出门行走，大多坐船，"船头一壶酒，悠思慢想缓缓走"，养成了咪酒的习惯。不象北方人，出了门大都是一马平川或可以奔驰的大草原。所以，咪酒是绍兴水文提供的契机，也是绍兴人的一种天赋。由于水文条件的蕴育，水乡人禀性淳厚，男的朴实勤劳，女的柔顺秀丽，行为糯拖拖，喝酒慢慢来，显得十分自然，否则就是嗜、贪、俗，就显示局促、小气。

水文也促使绍兴出师爷、出商人，出踏实刻苦者；绍兴人在全国各地、上海到处生根落脚，做生意，当师爷，赚钱回乡，养家发财，乃至飞黄腾达；而他们的成功，大半和咪酒的方式有关。

二、就人的禀赋来说，绍兴人比较颖悟、质朴、勤劳、节俭。绍兴人不是那种浮想联翩的"大聪明"者，而是一种有着执著精神的好思索者。碰到疑难问题，初想未入其门，重想岂肯放松，再想穷追不舍，非要想个办法出来不可。作师爷、做生意的、种田养鱼的，大多如此。清朝初期有个绍兴师爷，在河南入幕时，曾劝阻东翁不要送写有"万寿无疆"的寿墨给皇帝祝寿，问其原因，答曰"墨要磨用，当磨去"疆"字时，就成了'万寿无'，不但讨不到欢心，反而有受责乃至杀头的危险。"据说，师爷的这一招，是咪酒咪出来的。再就是绍兴人的节俭而言，在生产力不很发达的过去，对于化了自己劳动的自酿酒，或是舍了银子买的酒，喝入口腔，岂肯一口吞下？总要来个慢慢享受和多多体味，特别是经济趋下的"伙"们。

三、以酒的品质而论。绍兴酒由鉴湖水酿造，酒气芬芳，酒味醇厚，未入口就有气味的享受，甫入口再有似甜似糯的味觉，酒落肚更有回味无穷的感受。这些具气味相融之美的低度酒，对于务实的绍兴人来说，岂肯轻易放过？于是，咪酒之风，就随着酒的品质的优良而慢慢形成。鲁迅笔下的孔乙己，酒已落肚，还要再舔舔手指头或搭搭酒滋味，也可认为是对绍兴酒品质的一种认同。再说，喝酒是为了醉吗？我想多数人不会投赞成票，但有些人就是喜欢"一口干"，显示豪气，以此成俗。而咪酒则放宽节奏，心情从容，充分享受酒滋味，是真正的饮酒。再说，绍兴酒富有营养，慢慢喝酒，容易吸收，是一种好方式，也是一种好境界。

喝酒用何种方式，地各自主，人各自由，形式多样，无可多说，不过，就喝酒境界来说，我看咪酒的方式，即使不能说高明，也总显得实在。而且就对养生保健等项来说，也是慢慢喝，咪咪酒，来得有利。

咪酒就是慢饮，从喝酒与家风的关系而言，近乎好家风。

第三说讲饮酒的利弊。好处是有利于交际：适量饮点果酒如葡萄酒之类可能有益，但请注意一定要适量或少量。中国讲究饭局文化，无论婚丧嫁娶、筑屋开业，酒席是首选。这是家文化，亦是家风的反映之一。酒席间有充裕的说话时间，便于交流，拉近距离。无论近亲远亲、新朋旧友，上了酒桌，就是一个圈子。天南地北，无所不谈。

第四说酒与家风。但凡中国家庭，无论好饮之家或少数不喝酒之家。在年节日基本上都要饮酒。尤其在除夕之夜，喝几杯酒，是对全家人或对祖先的膜拜和尊敬，是家文化的体现。极少数滴酒不沾的人，也会以水代酒，叫做陪酒。有句入乡随俗的话，可看作"陪酒随家风"。

1. 饮酒之利。

既然饮酒不可避免，那么有什么好处呢？一是独酌便于品味，享受咪酒之乐，只要不过量，不是坏事。二是对酌之饮，可得到朋友间情谊的交流。三是集饮之乐，既可以增加节日欢快气氛，又是婚丧喜庆的隆重礼仪，标志一桩事体的节点。四是少量饮酒，尤其是葡萄酒之类的果酒，有利无弊。

李渔在《闲情偶寄》中对饮酒有"五贵"的说法，并说有此五贵，才有五乐。且引他的说法如下：

> 宴集之事，其可贵者有五：饮量无论宽窄，贵在能好；饮伴无论多寡，贵在善谈；饮具无论丰啬，贵在可继；饮政无论宽猛，贵在可行；饮候无论短长，贵在能止。备此五贵，始可与言饮酒之乐；否则曲蘖宾朋，皆戕性斧身之具也。

2、豪饮之弊。

饮酒最忌豪饮，即过量。其弊有五：一是对身体有害。酒中含有乙醇，具有"麻醉"性质，喝多了可能会说非理性的话，从而既伤人又伤自己，因为酒后吐真言，而"说话真爽"，似有弊。二是行为的限制性。如果说去参加一场婚礼，肯定要喝点酒，酒后不能开车，只好找代驾。费时费钱到是小事，如果找不到代驾，则酒后开车要遭罚，酒后闯祸更是犯罪，三是过量饮酒易出祸端。

有些家庭夫妻间本就有些不和，如果男子多喝酒，容易产生过激行为，首要形式是家暴。丈夫打妻子的事例很多，对家庭家风均不利；次要形式如胡言乱语，四是滥醉后发生意外事乃至断送前程。《三国演义》中张飞滥饮引来杀身之祸就是个典型的例子，现实生活中，因为饮酒出车祸、行凶杀人的事也屡见不鲜。四是增加家庭开支。对于大多数家庭来说，虽说生活水平有提高，但同时消费也在增加。多喝酒、天天喝酒，是不容忽视的开支。五是若饮酒成瘾，则可能影响下一代。晋代大文化人陶渊明，是个豪饮者，生的儿子都不聪明，究其原因是犯了"醉不入房"之忌。

总之不饮酒显示清高自守之节操，少饮则无害，中饮弊大于利，纵酒豪饮者害处多多。因此劝君远离烟与酒。

（三）讲点古人烟酒家风故事

清朝以前，我国与国外的交流很少，从科学技术方面解读，对烟酒的好处和坏处亦知之较少。加上吸烟的历史并不长，因此，古人吸烟故事较少，饮酒的轶事倒有一些。

1. 朱淑贞是南宋著名女词人，约略与李清照齐名。与李清照一样，朱亦好酒好诗词。古代女子一般以居家生活为主。还是豆蔻年华时，有一远房亲戚少年郎，到她家访亲暂住。与朱淑贞见面及交谈的时间就多了起来，从而萌生了爱意。

一次两人同游西湖时，有了些逾越当年规范的举动。平时知道节制，可在一次酒后，由于爱情和酒意，朱淑贞禁不住写下了一首出格的《清平乐》词作："恼烟撩露，留我须臾住。携手藕花湖上路，一霎黄梅细雨。 娇痴不怕人猜，和衣睡到人怀。最是分携时候，归来懒傍妆台。"

这首词被其父看到后，联系到朱淑贞与远亲男白天较亲密的反常举动，就阻止了她和远亲男的交往。为了端正门风，朱父作主，为朱淑贞择婿嫁之，但因丈夫热衷仕途，不爱诗词，朱淑贞并不满意。虽有过一段短暂的婚姻，但不多久又回到娘家。后又有《秋夜牵情三首》之一的诗作，与家风亦有关系：

纤纤新月挂黄昏，人在幽闺欲断魂。
笺素拆封还又改，酒杯慵举却重温。
灯花占断烧心事，罗袖长供挹泪痕。
益悔风流多不足，须知恩爱是愁根。

当这类怀念旧情的诗词再次被其父发现后，觉得这是家庭门风的败坏，大致在屡次训斥下，朱淑贞不堪羞辱，投河自尽。与此同时，朱父将其遗稿统统销毁，说是避免贻祸祖风。这种事放在现代，是正常的反映，但在封建时代，却属于大逆不道。

2. 关于吸烟与门风的故事。

吸烟是一种嗜好，对个人身体来说会有一些影响，也会产生一点刺激。就门风来说，无所谓好或不好。但如果以烟及其烟具档次高低来论，对家风的好坏则有直接影响。

说起古代嗜烟之人，就不得不提及清代大才子纪晓岚，清《芝音阁杂记》里说，纪晓岚烟枪甚巨，烟锅也特别大，一次烟锅里装满烟叶，从虎坊桥行至圆明园，烟叶都没吸尽，因此人们称他为"纪大锅"，也有人叫他"纪大烟袋"。

又据《清稗类钞》载："河间纪文达公嗜旱烟，斗最大，能容烟叶一两许。"据说纪晓岚有个亲戚王某人，自诩烟斗很大，跑来和纪晓岚一比烟锅大小，还不及纪晓岚烟锅的三分之一，王不服，再比吸烟之量，一个时辰为限，纪晓岚的大烟锅吸了七斗，王某人的烟锅只吸了五斗，于是王某人甘拜下风。

上述二项的比较，纪晓岚的烟斗大，系实际需要，与家风无关；王某人上门找纪晓岚比烟斗大小，与实用无关，就显得有些无聊。就门风来说，说不上好。再就比不过烟斗，进一步要求比吸烟之量，就更显得无聊，或者说太"市俗趣味"。

（四）劝君远离烟与酒

吸烟与喝酒，弊大于利，已成共识，上面也有粗浅的论述。但为什么这种劝说或告诫效果不显呢？因为烟与酒，就外形来说，它是物质，但就其性质来说，有精神的因素。它具有精神上的诱惑性，换言之，它与人的精神有关连性。如有的瘾君子，初始阶段只是觉得吸一口无妨，只要以后不喝不吸就行，但是因为烟的气味和酒的浓度，一经进入人体，就会产生牵引作用，在精神空虚时或工作闲暇时，在没啥事情可做时，就会想起它，这就是依赖的产生。所以要想不吸烟、不喝酒，就要从小时候就与它建立"防火墙"。

①做父母的要尽到教育和告诫子女的责任，在孩子幼年时，就要在适当的时机告诉孩子别近烟酒。

②尽量少交往烟酒朋友。人是社会性高级动物，交朋友不可避免，但选择性在于自身。尽量少交，不是不交，而是慎交。尤其在交往过程中，若对方提出"玩一支"时，要有定力。

③尽量做到不吸第一支烟，不喝第一杯酒。方法是：可以推脱说"有过敏症"等，表示并不是不领情。对于"玩一支"之类的说法，要保持警惕。

跋

《中国式家风》终于出版了，一年多的辛苦总算有了结晶。我对自己说：该休息一下了，别太委屈自己。

在写作和修改的过程中，历经艰辛，三易其稿，在初稿基本形成后，还请老朋友史如赓很认真地审读了一遍。他花了一个多月的时间才看完，改正了数十处差错，还逐一核查了引文的出处，令人感动。这本《中国式家风》书稿的成型，至少有他百分之五的助力。这是我从心里要说的话。

最后恳请读者在阅读本书后，提出宝贵的意见和建议。

徐清祥

2023年8月20日于东园书屋